全国职业培训推荐教材
人力资源和社会保障部教材办公室评审通过
适合于职业技能短期培训使用

混凝土工基本技能

（第二版）

中国劳动社会保障出版社

图书在版编目(CIP)数据

混凝土工基本技能/张晓辉,李国年编写. —2版. —北京:中国劳动社会保障出版社,2010
职业技能短期培训教材
ISBN 978-7-5045-8448-9

Ⅰ.①混… Ⅱ.①张… ②李… Ⅲ.①混凝土施工-技术培训-教材 Ⅳ.① TU755

中国版本图书馆 CIP 数据核字(2010)第 124078 号

中国劳动社会保障出版社出版发行
(北京市惠新东街1号 邮政编码:100029)
出版人:张梦欣

*

北京市艺辉印刷有限公司印刷装订 新华书店经销
850毫米×1168毫米 32开本 2.5印张 60千字
2010年7月第2版 2023年3月第17次印刷
定价:6.00元

营销中心电话:400-606-6496
出版社网址:http://www.class.com.cn

版权专有 侵权必究

如有印装差错,请与本社联系调换:(010) 81211666
我社将与版权执法机关配合,大力打击盗印、销售和使用盗版图书活动,敬请广大读者协助举报,经查实将给予举报者奖励。
举报电话:(010) 64954652

前言

职业技能培训是提高劳动者知识与技能水平、增强劳动者就业能力的有效措施。职业技能短期培训，能够在短期内使受培训者掌握一门技能，达到上岗要求，顺利实现就业。

为了适应开展职业技能短期培训的需要，促进短期培训向规范化发展，提高培训质量，中国劳动社会保障出版社组织编写了职业技能短期培训系列教材，涉及二产和三产百余种职业（工种）。在组织编写教材的过程中，以相应职业（工种）的国家职业标准和岗位要求为依据，并力求使教材具有以下特点：

短。教材适合15～30天的短期培训，在较短的时间内，让受培训者掌握一种技能，从而实现就业。

薄。教材厚度薄，字数一般在10万字左右。教材中只讲述必要的知识和技能，不详细介绍有关的理论，避免多而全，强调有用和实用，从而将最有效的技能传授给受培训者。

易。内容通俗，图文并茂，容易学习和掌握。教材以技能操作和技能培养为主线，用图文相结合的方式，通过实例，一步步地介绍各项操作技能，便于学习、理解和对照操作。

这套教材适合于各级各类职业学校、职业培训机构在开展职业技能短期培训时使用。欢迎职业学校、培训机构和读者对教材中存在的不足之处提出宝贵意见和建议。

人力资源和社会保障部教材办公室

简介

本书首先介绍混凝土工的工作内容、素质要求和安全文明生产方面的基本知识，使初学者对混凝土工这一职业有一个初步认识。然后介绍房屋构造和混凝土结构，以及混凝土工程中的常用材料和工机具，为混凝土施工技能的系统学习打下基础。本书重点介绍混凝土工程施工技能，对混凝土施工操作的基本程序、工艺方法和季节性施工进行了细致分析，尤其是针对各类混凝土构件，在施工技能、施工缺陷及其防治方法方面都作了专门介绍。此外，本书在内容中还恰当地渗透了与混凝土施工密切相关的安全与文明生产知识，旨在进一步强化建筑施工人员的安全文明生产意识。

本书由陕西建设技术学院张晓辉、李国年编写，杨宝春主审。

目录

第一单元　混凝土工职业认知 …………………………（ 1 ）

第二单元　房屋构造与混凝土结构 ……………………（ 4 ）
　模块一　房屋构造基础知识 ……………………………（ 4 ）
　模块二　混凝土结构基础知识 …………………………（ 6 ）

第三单元　混凝土材料与常用工机具 …………………（ 13 ）
　模块一　混凝土组成材料 ………………………………（ 13 ）
　模块二　混凝土施工相关工具 …………………………（ 20 ）
　模块三　混凝土施工机械 ………………………………（ 25 ）

第四单元　混凝土工程 …………………………………（ 32 ）
　模块一　混凝土施工操作的基本程序 …………………（ 32 ）
　模块二　混凝土施工操作工艺方法 ……………………（ 48 ）
　模块三　混凝土基础的施工 ……………………………（ 50 ）
　模块四　混凝土柱、墙的施工 …………………………（ 58 ）
　模块五　混凝土梁、板的施工 …………………………（ 61 ）
　模块六　混凝土小型构件的施工 ………………………（ 64 ）
　模块七　混凝土施工质量缺陷及其防治 ………………（ 66 ）

第五单元　混凝土季节性施工 …………………………（ 69 ）
　模块一　混凝土的季节性施工基本知识 ………………（ 69 ）
　模块二　混凝土季节性施工方法 ………………………（ 70 ）

参考文献 …………………………………………………（ 73 ）

第一单元　混凝土工职业认知

混凝土工是建筑工程结构施工的主要工种之一，主要工作就是将混凝土浇筑成构件、建筑物和构筑物等，如图 1—1 所示，具体包括混凝土的配制、搅拌、浇筑、振捣和养护等环节。在开始学习之前，我们有必要首先了解一下混凝土工这一职业对从业人员素质和安全文明施工方面的基本要求。

图 1—1　混凝土工工作示例

一、混凝土工的素质要求

混凝土工的素质要求具体包括思想品德方面的素质、专业方面的素质、身体方面的素质。

1. 思想品德方面的素质要求

混凝土工在施工过程中，往往要接触许多工程机械，这些都要严格按照规范的要求操作，有的施工机械需要长时间操作。这就需要混凝土工具有良好的思想修养和职业道德，做到爱岗敬业、恪尽职守。

2. 身体方面的素质要求

混凝土工要有健康的身体，能够适应紧张而繁忙的工作。同时，混凝土施工需高空作业，从业人员无恐高症才可上岗。

从事混凝土工这一工种的劳动，需要具备以下身体条件：年满16周岁，身体健康，有较强的空间感，有准确的观察分析、推理判断能力，手指、手臂灵活，有一定的学习和适应能力，无恐高症。

3. 职业技能方面的素质要求

（1）能够鉴别组成混凝土基本原材料的质量是否符合要求。

（2）能配合试验工按施工配合比完成配料。

（3）能够确定各种材料的投放顺序和进行人工搅拌。

（4）能够独立完成各种混凝土的搅拌、浇筑和振捣。

（5）掌握混凝土养护和季节性施工的要点。

二、混凝土工安全文明施工要求

1. 能按安全操作规程要求准备、使用个人的劳动保护用品。进入施工现场必须戴安全帽；在没有防护措施的高空和陡坡施工时必须系安全带；高空作业不得穿硬底带钉、易滑的鞋；不要赤脚或穿高跟鞋、拖鞋进入施工现场。

2. 不要酒后上岗，疲劳作业，带病作业，违章作业。

3. 能按安全操作规程要求在施工现场行走和上下。不在起吊、运吊的物件下通过；不在没有防护的外墙和外壁板等建筑物上行走；不攀登起重臂、脚手架、井字架、龙门架，不随吊盘上下；不进入挂有"禁止进入"或设有危险警示标志的区域、场所。

4. 能按照安全用电要求规范用电，不在电线上挂晒物料，不使用电炉等，正确使用电气设备。

5. 能按文明施工要求进行施工，工完场清，满足环保要求。

6. 能按文明施工要求，不在在建建筑物内住宿，建筑工地宿舍及其周围要保持环境卫生整洁，杜绝随地大小便等不文明、不卫生现象。

习 题

参观建筑施工工地，感受混凝土工的主要工作内容及安全文明施工的重要性。

第二单元 房屋构造与混凝土结构

模块一 房屋构造基础知识

一、房屋的结构类型

房屋的种类很多，分类的方法也很多。按使用性质，通常可分为民用建筑和工业建筑两大类。

无论是民用建筑还是工业建筑，其结构类型是相通的，常有砖木结构、砖混结构、钢筋混凝土结构、钢结构等。混凝土工施工所接触到的建筑类型为钢筋混凝土结构。钢筋混凝土结构主要承重构件由钢筋混凝土制成，如钢筋混凝土柱、梁、板、屋面，砖或其他材料只做围护墙等。

二、民用建筑的基本构造

一般民用建筑由基础、墙与柱、梁和楼板、楼梯、屋面、门窗及各种附属构件组成，如图 2—1 所示。施工人员施工时必须清楚各组成部分的形式、使用材料、构造要求，以确保施工顺利进行。

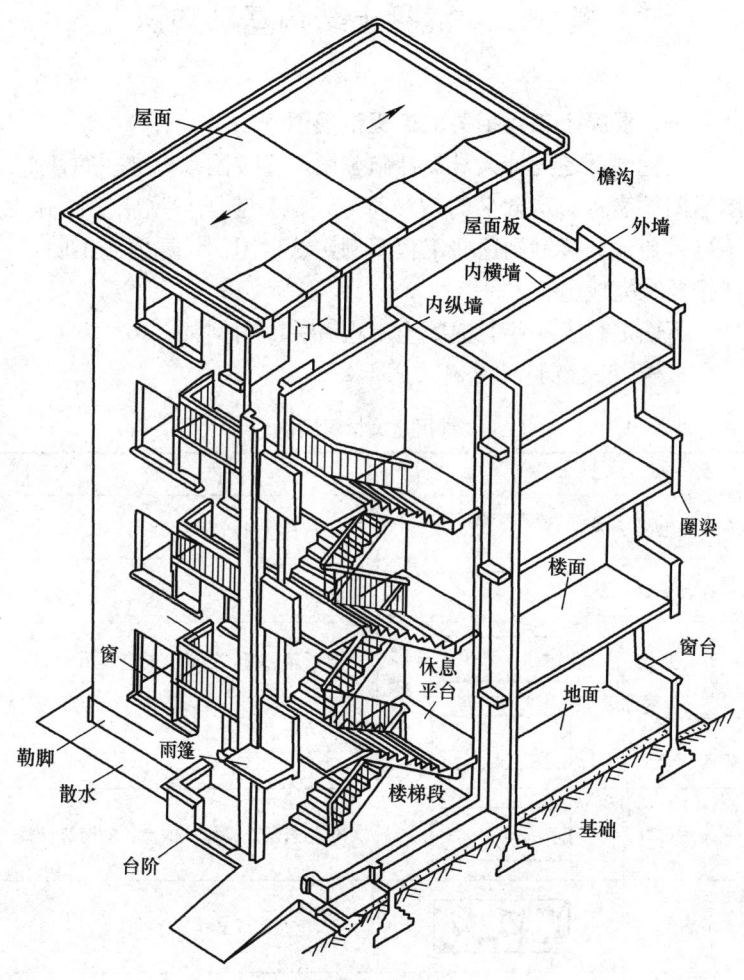

图 2—1 民用建筑的基本构造

模块二 混凝土结构基础知识

一、混凝土工程相关的工程识图图例

工程图例是设计人员设计施工图时,按国家标准在图样上用图形图例表示一定含义的一种符号。混凝土工依据施工图施工,不可避免地会接触到这些工程图例,认识图例,看懂施工图,才能按要求完成施工。

下面汇总了一些与混凝土工程有关的图例。

1. 常用建筑材料图例(见表2—1)

表2—1　　　　常用建筑材料图例

名　称	图　例	说　明
自然土壤		包括各种自然土壤
夯实土壤		
砂、灰土		靠近轮廓线,以较密的点表示
砂砾石、碎砖三合土		
天然石材		包括岩层、砌体、铺地、贴面等材料
毛石		
普通砖		1. 包括砌体、砌块 2. 断面较窄不易画出线时,可涂红
空心砖		包括各种多孔砖

续表

名 称	图 例	说 明
混凝土	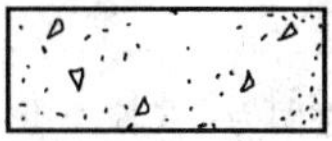	1. 本图例仅适用于能承重的混凝土及钢筋混凝土 2. 包括各种强度等级、骨料、外加剂的混凝土 3. 剖面图上画出钢筋时，不画图例线 4. 断面小，不易画出图例线时，可涂黑
钢筋混凝土	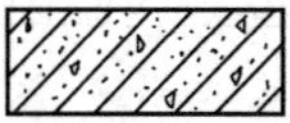	
焦渣、矿渣	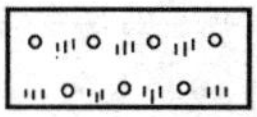	包括水泥珍珠岩、沥青珍珠岩、泡沫混凝土、非承重加气混凝土、泡沫塑料、软土等
多孔材料		
纤维材料	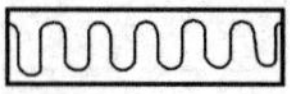	包括麻丝、玻璃棉、矿渣棉、木丝板、纤维板等
木材	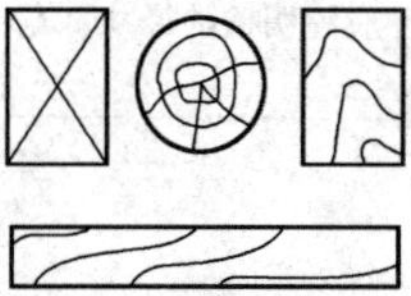	1. 上图为横断面 2. 下图为纵断面
金属	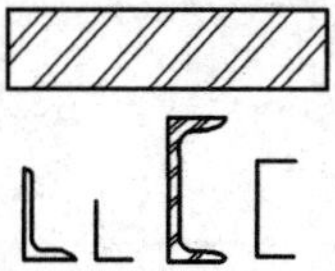	1. 包括各种金属 2. 图形小时，可涂黑
玻璃	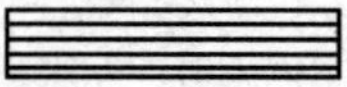	包括平板玻璃、磨砂玻璃、夹丝玻璃、钢化玻璃、中空玻璃、夹层玻璃、镀膜玻璃等
防水材料		构造层次多或比例大时，采用上面的图例
胶合板	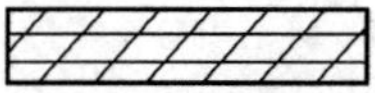	应注明为×层胶合板

2. 常用建筑构造及配件图例（见表2—2）

表2—2　　　　常用建筑构造及配件图例

名　称	图　例	说　明
检查孔		左图为可见检查孔 右图为不可见检查孔
孔洞		
坑槽		
墙预留洞		应注明洞的尺寸（宽×高或φ）
墙预留槽		应注明槽的尺寸（宽×高×深或φ）
烟道		
通风道		
入口坡道		在比例较大的图面中，坡道上如有防滑措施时，可按实际形状用细线表示

3. 一般钢筋图例（见表2—3）

表 2—3　　　　　　　　一般钢筋图例

序号	名称	图例	说明
1	钢筋横断面	•	
2	无弯钩的钢筋端部	— /	下图表示长短钢筋投影重叠时,可在短钢筋的端部用45°斜线表示
3	带半圆形弯钩的钢筋端部	⌒	
4	带直钩的钢筋端部	⌐	
5	带丝扣的钢筋端部	///	
6	无钩的钢筋搭接	—|—|—	
7	带半圆弯钩的钢筋搭接	⌒⌒	
8	带直钩的钢筋搭接	|—|	
9	套管接头(花篮螺丝)	⊏▭⊐	

二、混凝土工程相关的工程识图代号

工程识图代号是指在设计图上,可以对构件、配件、钢筋内容采用拼音的第一个字母或符号来表示的一种标释方法。下面汇总了一些与混凝土工程有关的代号,见表2—4。

表 2—4　　　　　　　　常用构件代号

序号	名称	代号	序号	名称	代号
1	板	B	4	槽形板	CB
2	屋面板	WB	5	折板	ZB
3	空心板	KB	6	密肋板	MB

续表

序号	名称	代号	序号	名称	代号
7	楼梯板	TB	25	框架	KJ
8	盖板或沟盖板	GB	26	刚架	GJ
9	挡雨板或檐口板	YB	27	支架	ZJ
10	吊车安全走道板	DB	28	柱	Z
11	墙板	QB	29	基础	J
12	天沟板	TGB	30	设备基础	SJ
13	梁	L	31	桩	ZH
14	屋面梁	WL	32	柱间支撑	ZC
15	吊车梁	DL	33	垂直支撑	CC
16	圈梁	QL	34	水平支撑	SC
17	过梁	GL	35	梯	T
18	联系梁	LL	36	雨篷	YP
19	基础梁	JL	37	阳台	YT
20	楼梯梁	TL	38	梁垫	LD
21	檩条	LT	39	预埋件	M
22	屋架	WJ	40	天窗端壁	TD
23	托架	TJ	41	钢筋网	W
24	天窗架	CJ	42	钢筋骨架	G

注：预应力钢筋混凝土构件，应在构件代号前加注"Y—"。

三、混凝土的主要技术特性

1. 混凝土强度

它是混凝土的主要技术指标之一，反映混凝土凝结硬化后的主要力学性能。混凝土强度包括抗压、抗拉、抗弯及抗折强度等，同一混凝土各强度指标不同，以抗压强度为最大，抗拉强度为最小。在钢筋混凝土结构中混凝土主要用于承受压力，所以，通常说的混凝土强度指的是立方体抗压强度。

混凝土的立方体抗压强度是指在压力作用下抵抗破坏的能力。现行混凝土结构设计规范，按其数值大小分为 C15、C20、C25、C30、C35、C40、C45、C50、C55、C60、C65、C70、C75、C80 共 14 个混凝土强度等级。

混凝土立方体抗压强度值是指按标准方法制作的边长为 150 mm 的立方体试件，在标准条件［温度（20＋3）℃；湿度 90％以上；龄期 28 天］下养护后，采用标准的测试方法测得的具有 95％保证率的抗压强度值。

2. 混凝土拌和物的工作性

混凝土拌和物的工作性是一项综合性指标，是指混凝土拌和物在一定施工条件下，便于施工操作，入模后质量均匀，易于密实的性能。工作性通常从流动性、黏聚性和保水性三方面进行衡量，俗称为混凝土的和易性。

（1）流动性：是指混凝土拌和物在自重或机械振动作用下能产生流动，并均匀、密实地填满模板的性能。

（2）黏聚性：是指混凝土拌和物中各种组成材料之间有较好的黏聚能力，在运输和浇筑过程中，不致产生分层离析，使混凝土保持整体均匀的性能。

（3）保水性：是指混凝土拌和物保持水分，不易产生泌水现象的性能。

3. 混凝土的密实度

混凝土的密实度是指混凝土成型硬化后本身的密实程度。密实程度高，则说明混凝土的空隙少。混凝土施工时，采取各种方法，以提高浇筑成型的密实度。

4. 混凝土的耐久性

混凝土的耐久性包括混凝土在使用条件下经久耐用的性能，主要表现在混凝土抗渗性、抗冻性、抗侵蚀性及抗碳化性等方面。

（1）混凝土的抗渗性：指混凝土抵抗压力水渗透的能力。混凝土的抗渗性以抗渗等级表示，如 p2、p4、p6、p8、p12 等。

(2) 混凝土的抗冻性：指混凝土在水饱和状态下，能经受多次冻融循环作用而不破坏，同时也不严重降低强度的性能。混凝土的抗冻性以抗冻等级表示，如 F25、F50、F100、F150、F200、F250、F300 等。

(3) 混凝土的抗侵蚀性：指混凝土在有侵蚀介质环境中，抵抗侵蚀的能力。一般密实性好的、具有封闭空隙的混凝土，侵蚀介质不易侵入，故抗侵蚀性好。

(4) 混凝土的碳化：是指空气中的二氧化碳与混凝土中的氧化钙作用，生成碳酸钙和水的现象，碳化作用对混凝土有不利的影响。

5. 混凝土的膨胀与收缩性

混凝土的膨胀与收缩性即混凝土体积变化的性能。混凝土在硬化过程中，由于水分散失，发生收缩，即"干缩"。当混凝土长期在水中硬化时，由于水泥水化过程充分，混凝土不产生收缩而略有膨胀，即"水胀"。混凝土具有热胀冷缩的性质，试验表明，温度每升降 1℃，每米混凝土膨缩 0.01mm。在大体积混凝土施工成型过程中，水泥水化时水化热聚集猛烈，会使混凝土产生膨胀，而冷却时仍要收缩，常会产生较大裂缝，必须引起高度重视。

习　题

1. 识读本书第四单元各构件图，根据图例辨别各部分结构与用料。

2. 混凝土的强度、拌和物工作性、密实度等特性对混凝土施工和混凝土构筑物有何影响？

第三单元 混凝土材料与常用工机具

模块一 混凝土组成材料

混凝土是由水泥、粗骨料、细骨料、水及外加剂、掺合料组成,通过按比例配料,经拌和凝结而成的人造石材。混凝土是当今工程结构使用的重要材料。

一、水泥

可加水拌和成塑性浆体,能胶结砂石等材料,并能在空气中硬化的粉状水硬性胶凝材料,称为水泥。

1. 水泥的分类

水泥按用途和性能可分为通用水泥、专用水泥和特性水泥三类:

水泥分类
- 通用水泥——硅酸盐水泥、普通硅酸盐水泥、矿渣硅酸盐水泥、火山灰质硅酸盐水泥、粉煤灰硅酸盐水泥、复合硅酸盐水泥
- 专用水泥——砌筑水泥、油井水泥
- 特性水泥——快硬水泥、膨胀水泥、抗硫酸盐水泥、中热水泥

建筑工程中,最常用的是所含水硬性矿物为硅酸盐,不掺或掺入定量混合材料的通用类水泥,这些混合材料分为活性和非活性两种。

活性混合材料是指具有火山灰性或潜在水硬性,以及兼有火山灰性和水硬性的矿物材料,常有粒化高炉矿渣、火山灰质混合材料(火山灰、凝灰岩、浮石、沸石岩、硅藻石、煤矸石、烧页

岩、烧黏土、煤渣、硅质渣等)、粉煤灰等。

非活性混合材料是指水泥中主要起填充作用，而又不损害水泥性能的矿物材料，包括石英砂、石灰石、黏土、白云石、块状高炉矿渣、炉灰以及与水泥不发生化学反应的工业废渣等。

2. 常用水泥的特性和适用范围

不同水泥品种，因在生产过程中组成的成分不同，而有着不同的工程应用特性，如凝固快慢、水化热高低、耐热性、抗冻性等多方面，见表3—1，因此，选择使用时，必须明确适用范围、合理选用。

表3—1　　　　　　五种水泥的特性和适用范围

名称	硅酸盐水泥	普通水泥	矿渣水泥	火山灰水泥	粉煤灰水泥
特性	1. 快硬早强 2. 水化热较高 3. 抗冻性较好 4. 耐热性较差 5. 耐腐蚀性较差	1. 早期强度较高 2. 水化热较大 3. 抗冻性好 4. 耐热性较差 5. 耐腐蚀和耐水性较差	1. 早期强度低，后期强度增长较快 2. 水化热较低 3. 耐热性较好 4. 耐硫酸盐侵蚀和耐水性较好 5. 抗冻性好 6. 易泌水 7. 干缩性大	1. 抗渗性好 2. 耐热性较差 3. 不易泌水 4. 其他同矿渣水泥	1. 干缩性较小，抗裂性较好 2. 抗碳化能力差 3. 其他同火山灰水泥
适用范围	快硬早强的工程、配制高强度等级的混凝土、预应力构件、地下工程的喷射里衬等	一般土建工程中混凝土及预应力钢筋混凝土结构、受反复冰冻作用的结构、拌制高强度混凝土	1. 高温车间和有耐热要求的混凝土结构 2. 大体积混凝土结构 3. 蒸汽养护的混凝土构件 4. 地上、地下和水中的一般	1. 地下、水中大体积混凝土结构和有抗渗要求的混凝土结构 2. 蒸汽养护的混凝土构件 3. 一般混凝土结构	1. 地上、地下、水中及大体积混凝土结构 2. 蒸汽养护的混凝土构件 3. 有抗硫酸盐侵蚀要求的一般工程

续表

名称	硅酸盐水泥	普通水泥	矿渣水泥	火山灰水泥	粉煤灰水泥
适用范围			混凝土构件 5. 有抗硫酸盐侵蚀要求的一般工程	4. 有抗硫酸盐侵蚀要求的一般工程	
不适用范围	1. 大体积混凝土工程 2. 受化学侵蚀、水及海水侵蚀的工程 3. 受水压作用的工程	1. 大体积混凝土工程 2. 受化学侵蚀、水及海水侵蚀的工程 3. 受水压作用的工程	1. 早期强度要求较高的工程 2. 严寒地区，处在水位升降范围内的混凝土工程	1. 处于干燥环境的工程 2. 有耐磨性要求的工程 3. 其他同矿渣水泥	1. 有抗碳化要求的工程 2. 其他同火山灰水泥

3. 常用水泥的主要技术指标

水泥作为混凝土主要材料，国家制定有标准，主要技术指标有强度等级、凝结时间、安定性等。

（1）强度。水泥强度是指水泥加水拌和后经凝结、硬化后的坚实程度，是确定水泥强度等级的指标。

根据受力形式的不同，水泥强度通常分为抗压强度、抗折强度和抗拉强度三种。水泥胶砂硬化试体承受压缩破坏时的最大应力，称为水泥的抗压强度；水泥胶砂硬化试体承受弯曲破坏时的最大应力，称为水泥的抗折强度；水泥胶砂硬化试体承受拉伸破坏时的最大应力，称为水泥的抗拉强度。

常用的硅酸盐水泥的强度等级由低到高依次为 42.5、42.5R、52.5、52.5R、62.5、62.5R，普通硅酸盐水泥的强度等级由低到高依次为 32.5、32.5R、42.5、42.5R、52.5、52.5R，矿渣水泥、火山灰水泥、粉煤灰水泥的强度等级由低到高依次为 32.5、32.5R、42.5、42.5R、52.5、52.5R。水泥的强度等级是最重要的参数，所购水泥的袋上均有标注（散装水泥除外），也就是俗称的水泥号（级）数。

（2）水泥的凝结时间。分为初凝时间（即水泥加水拌和形成可塑性浆体，经本身物理化学变化，逐渐变稠失去塑性的时间）和终凝时间（即水泥浆体开始具有强度的时间）。水泥的初凝时间不能过短，终凝时间不能太长。国家标准规定：硅酸盐水泥的初凝时间不得早于 45 min，终凝时间不得迟于 6.5 h；普通水泥初凝时间不得早于 45 min，终凝时间不得迟于 10 h。

水泥的凝结时间在施工中有重要指导意义，在施工方案、施工段划分、接茬留缝等方面必须考虑。

（3）水泥的水化热。水泥凝结硬化是一个放热过程，水泥的水化热是水泥水化过程中放出的热量。水化热主要在早期释放，极易造成构件裂缝，后期热量逐渐减少。

（4）水泥的安定性。安定性是指水泥在凝结硬化过程中，体积变化是否均匀的性能。安定性不好的水泥，其试件在凝结硬化过程中就会出现龟裂、弯曲、松脆、崩溃等不安定现象。

4. 水泥的保管与使用

（1）水泥为微粒粉状材料，吸湿性强，遇有高湿环境或水，即发生水化反应，在运输保管中要严防受潮。

（2）水泥即使在良好条件下存放，也会因吸湿而逐渐失效。一般品种的水泥，储存期不得超过 3 个月；特种水泥，储存期不得超过 1 个月。过期水泥必须重新进行检验，按检验结果确定等级后使用。工程上要加强进、发水泥的管理，防止水泥压库。

（3）严防水泥品种、强度等级、出厂日期等在保管中发生混乱，混用、错用水泥必然发生工程事故。

（4）坚持各项工程限额领料，合理选用水泥品种，大力使用散装水泥，积极推广使用商品混凝土、预拌砂浆，发展绿色环保施工。预拌混凝土是指水泥、集料（砂石等）、水以及根据需要掺入的外加剂矿物按一定比例，在搅拌站经计量、拌制后出售，并采用运输车在规定的时间内运至使用地点的混凝土拌和物。预拌混凝土，由于其多数是由预拌混凝土企业向施工单位销售的一种混凝土半成品拌和物，故称为商品混凝土。

二、粗骨料

普通混凝土中的粗骨料指的是各类石子，通常按品种可分为卵石和碎石。卵石也称砾石，指岩石风化破碎后在湖、海、河等天然水域或特定地域形成和堆积的外形浑圆的岩石颗粒。碎石指岩体爆破后经人工破碎或卵石经人工破碎筛分而得的岩石颗粒。

1. 技术要求

（1）颗粒级配。颗粒级配的状况，将影响所拌制的混凝土质量，选择石子时应予考虑，石子颗粒级配分连续级配和单粒级配。

连续级配将石子按其尺寸大小分级，分级尺寸是连续的，并按适当比例配合而成；单粒级配也称间断级配，组成石子混合体的颗粒尺寸的大小是不连续的。

（2）针状片状颗粒。颗粒长度大于其平均粒径2.4倍的属于针状颗粒。颗粒厚度小于其平均粒径0.4倍的属于片状颗粒。针、片状颗粒过多，会使混凝土强度降低。

（3）泥含量、泥块含量。单位石样质量中泥（泥块）质量与净石子质量的百分比称为泥（泥块）含量。用做混凝土拌和的石子对其泥含量、泥块含量均有要求。

（4）有害物质含量。指石子中含有草根、树叶、树枝、塑料、煤块、炉渣等杂物的总量。石子有害物质含量在拌混凝土选料时有所要求。

（5）强度。石子强度有抗压强度和压碎值指标，一般其极限抗压强度应大于所浇筑混凝土强度的1.5倍。

（6）石子密度、体积密度、空隙率。一般情况下：石子密度大于2.5 g/cm^3，石子松散体积密度大于$1\,500 \text{ kg/m}^3$，石子空隙率小于45%。

2. 石子的选用

在做混凝土试验配合比之前，应先确定混凝土所使用的石子，通常考虑以下方面：

（1）在石子最大粒径许可下，应尽量选用较大的粒径。

（2）石子最大粒径尺寸不得超过结构截面最小尺寸的1/4，同时不得大于钢筋最小净距的3/4，对板类构件不得超过板厚的1/2。

（3）石子级配首选连续级配，当采用强力振动施工法及低流动性或干硬性混凝土时，采用间断级配较为适当。

三、细骨料

一般普通混凝土中细骨料是指各类砂子，按产地不同，可分为河砂、海砂和山砂。按粒径不同划分为三种，粗砂（平均粒径不小于0.5 mm）、中砂（平均粒径不小于0.35 mm）、细砂（平均粒径不小于0.25 mm）。

1. 技术要求

（1）颗粒级配。砂的颗粒级配是指砂颗粒大小的搭配情况。良好的级配应有较多的粗颗粒，同时配有适当的中颗粒及少量细颗粒填充其空隙。

（2）泥含量、泥块含量。即单位砂子样品中，泥（泥块）质量与净砂质量的百分比。

（3）有害物质含量。即砂子含有草根、树叶、树枝、塑料、煤块、炉渣等杂物的量。砂子有害物质含量在拌混凝土选料时有所要求。

（4）坚固性。砂子坚固性通过耐硫酸盐浸泡试验测得，其质量损失应符合要求。

（5）砂子密度、体积密度、空隙率。一般情况下，砂子密度大于2.5 g/cm^3，砂子松散体积密度大于$1\,400 \text{ kg/m}^3$，砂子空隙率小于45%。

2. 砂子的选用

由于在混凝土组成的结构中，石子的空隙由砂子来填充，砂子的空隙由水泥浆来填充，因此为提高混凝土密实度，必须考虑各组成材料之间及单一材料的颗粒级配。对砂子来说，良好的级配应有较多的粗颗粒，同时配有适当的中颗粒及少量细颗粒填充其空隙。

四、水

拌制混凝土一般应用干净的饮用水，其他水源，如地表水、地下水首次使用前，应进行检验。由于氯盐的吸水性导致腐蚀钢铁，所以海水可用于拌制素混凝土，但不得用于拌制钢筋混凝土和预应力混凝土。工业废水经检验合格后可用于拌制混凝土，否则必须予以处理，合格后方能使用。

五、外加剂

混凝土外加剂是指在拌制混凝土时加入的，掺量一般不大于水泥质量 5% 的，用于改善混凝土性能的一类物质。常用外加剂有减水剂、早强剂、缓凝剂、引气剂、防冻剂等。

1. 减水剂

减水剂是指在保持混凝土稠度不变的条件下，具有减水增强作用的外加剂。常用品种有：木质素磺酸盐类、糖蜜缓凝型减水剂、NNO 减水剂、MF 型减水剂等。

2. 早强剂

早强剂是指能提高混凝土早期强度，并对后期强度无显著影响的外加剂。常用品种有：氯盐早强剂、硫酸钠早强剂、三乙醇胺早强剂等。

3. 缓凝剂

缓凝剂是指延缓混凝土凝结时间，并对后期强度发展无不利影响的外加剂。对大体积混凝土，高温季节施工，商品混凝土长距离运输时采用。常用品种有糖蜜、木钙、硼酸和柠檬酸等，这些产品常有减水和缓凝双重作用。

4. 引气剂

引气剂是在混凝土搅拌过程中，能引入大量分布均匀的微小气泡，以减少拌和物泌水离析、改善和易性，同时显著提高硬化混凝土抗冻耐久性的外加剂。常用品种有松香热聚物和松香酸钠等。

5. 抗冻剂

抗冻剂是使混凝土拌和物在一定负温度的范围内，保持混凝土中的水不冻结，能继续水化、硬化，并达到一定强度的外加剂。常用品种有亚硝酸钠、氯盐等。

六、掺合料

掺合料是指掺量超过水泥质量的 5% 以上，影响混凝土配合比设计的材料。掺合料可分为活性掺合料和非活性掺合料。

活性掺合料参与水泥的水化反应，可改善混凝土的性能，提高混凝土的塑性，调节混凝土的强度，其类别有粒化高炉矿渣、粉煤灰、火山灰质材料、硅灰。

非活性掺合料为填充性混合材料，添加后可调节水泥强度等级和混凝土的流动性，能节约水泥但不改变水泥的主要性质，其类别有石英砂、石灰岩的磨细粉。

模块二　混凝土施工相关工具

与混凝土施工有关的工具很多，见表 3—2。这里重点介绍有代表性的几种。

表 3—2　　　　混凝土施工相关工具汇总

类别	名称	用途
混凝土施工工具	1. 铁锹	铲砂石料，翻搅混凝土，混凝土入模
	2. 胶水管	搅拌混凝土供水
	3. 小水壶	搅拌混凝土加水，基层洒水
	4. 小水桶	盛水、盛混凝土
	5. 筛底	筛分砂、石、泥土
	6. 钢丝刷	清理基层
	7. 扫帚	清扫基层
	8. 铁抹子	清、抹混凝土表面

续表

类别	名　称	用　途
混凝土施工工具	9. 木抹子	混凝土表面搓毛
	10. 单、双轮车	装运混凝土
	11. 混凝土料斗	吊装混凝土（配合吊车）
	12. 铁盘（皮）	拌和混凝土
	13. 拖抹板	混凝土表面拖拉抹平
	14. 榔头	凿混凝土
	15. 錾子	凿混凝土
	16. 电缆线	浇捣混凝土供电
	17. 配电箱	浇捣混凝土供电
混凝土检测工具	18. 线绳	拉线测量
	19. 坍落桶	测量混凝土坍落度
	20. 试模	做混凝土试块
	21. 水平尺	检测水平度、垂直度
	22. 钢卷尺	检测构件尺寸
	23. 托线板	检测构件水平度、垂直度
	24. 线锤	检测垂直度
	25. 塞尺	检测垂直平整度偏差
	26. 方尺	检测构件转角方正度

一、单、双轮车

单、双轮车为传统的现场运输混凝土的工具，如图 3—1 所示，斗容量为 $0.1\sim0.15\ m^3$。单轮车驾车需要良好的技能，对运输道路要求低，转弯灵活。双轮车使用普遍，运输车道宽度应满足要求。单、双轮车操纵灵活，装卸方便，适用于楼地面工程短距离的水平运输。

二、混凝土料斗

混凝土料斗主要配合塔式起重机用于高层建筑的混凝土垂直

a) 单轮车　　　　　　　b) 双轮车

图 3—1　单、双轮车

运输，料斗分立式和卧式，如图 3—2 所示。运输时将混凝土放入斗内，由塔式起重机提升到浇筑地点，通过启闭卸料门卸料，如图 3—3 所示。

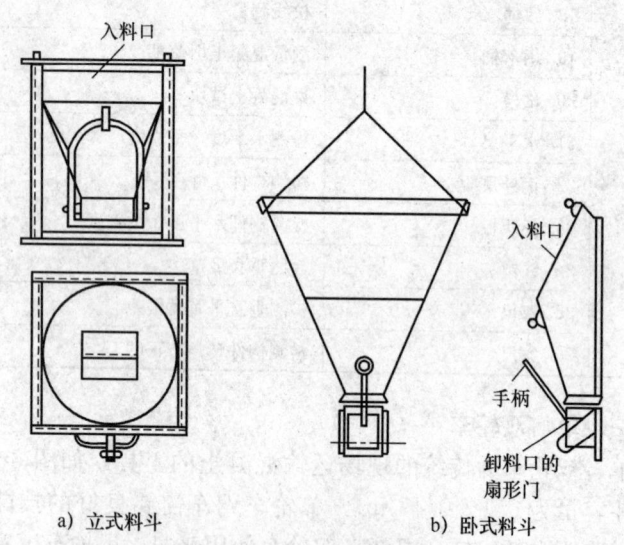

a) 立式料斗　　　　　　b) 卧式料斗

图 3—2　混凝土浇筑料斗

三、铁盘（皮）

铁盘通常用 1 mm 厚黑铁皮制成，外形如图 3—4 所示，主要用于现场堆放混凝土、砂浆或拌和混凝土等。

图 3—3 混凝土料斗的使用

图 3—4 铁盘

四、混凝土坍落度测定桶

坍落度桶是用铁皮制成的上口径 100 mm、下口径 200 mm、高 300 mm 的圆台量器,是检测混凝土坍落度大小的工具,如图 3—5 所示,可控制混凝土的流动性,保证符合配合比要求。

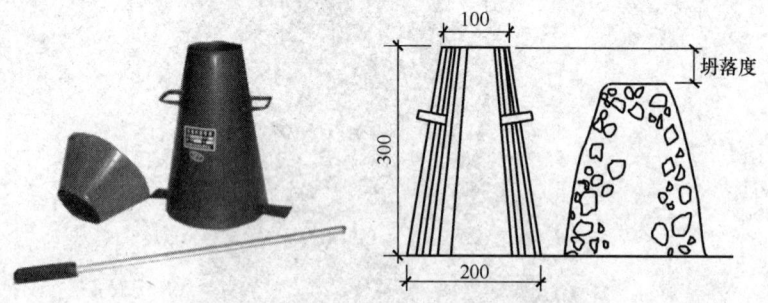

图 3—5　坍落度桶及混凝土拌和物坍落度的测定

五、试模

如图 3—6 所示,混凝土试模由铸铁件制成,标准试模是边长为 150 mm 的立方体(另有边长 100 mm 和 200 mm 立方体的非标准规格),每组有三块,一起使用,用于在现场取样制作混凝土试块,测定混凝土的强度。

图 3—6　混凝土试模

模块三 混凝土施工机械

混凝土施工所用机械较多,见表 3—3。这里介绍其中有代表性的几种。

表 3—3　　　　　　混凝土施工机械

类别	名称	用途
共用机械	1. 塔式起重机	现场吊运混凝土
	2. 施工电梯	现场吊运混凝土,人员上下乘用
	3. 垂直提升机	现场提升混凝土
	4. 翻斗车	现场转运混凝土
	5. 自卸汽车	转运混凝土
混凝土专用机械	6. 混凝土搅拌机	制作混凝土
	7. 混凝土振动器	现场混凝土振捣
	8. 混凝土搅拌运输车	长距离运输混凝土
	9. 混凝土泵	现场运送混凝土
	10. 混凝土布料机	现场工作面摊布混凝土入模

★安全提示
● 混凝土工要按照安全操作规程使用混凝土施工机械,即使电气线路有故障,也不要自行拆解、修理,应待有关专业技术人员处理。
● 在施工现场,混凝土搅拌机、搅拌运输车和布料机,以及起重机、提升机等必须由专业人员操作,混凝土工不要开动机械。

一、混凝土搅拌机

混凝土搅拌机是将水泥、骨料、砂、水和外加剂等均匀搅拌成混凝土拌和物的专用机械。

混凝土搅拌机按其工作原理，可分为自落式和强制式两大类，如图3—7和图3—8所示。对于重骨料塑性混凝土常选用自落式混凝土搅拌机，对于干性混凝土与轻质混凝土常选用强制式混凝土搅拌机。

图3—7 自落式混凝土搅拌机

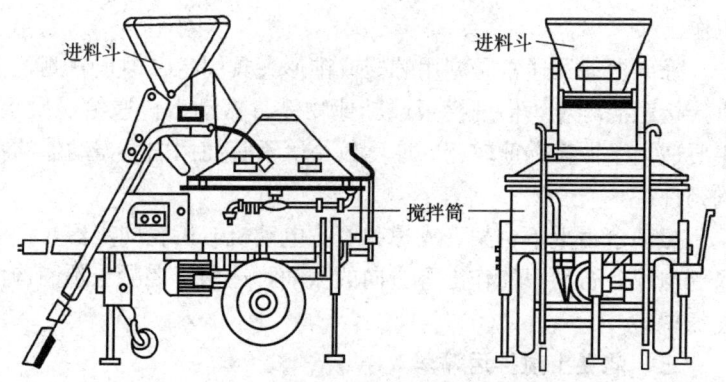

图 3—8　强制式混凝土搅拌机

二、混凝土振动器

混凝土振动器的外形如图 3—9 所示。按传递振动力的方式，可分为内部振动器（插入式振动器）、表面振动器（平板式振动器）、外部振动器（附着式振动器）和振动台。

内部振动器，主要适用于大体积混凝土、基础、柱、梁、墙、厚度较大的板，以及预制构件的捣实工作。

表面振动器的工作部分是在钢制或木制平板上装一个带有偏心块的电动振动器，振动力通过底板传递给混凝土，主要适用于

· 27 ·

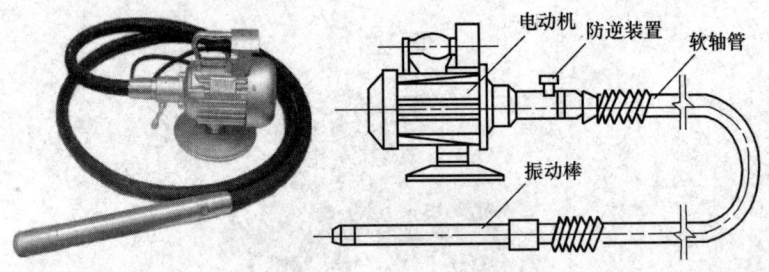

图 3—9 混凝土振动器

表面积大而平整的结构物,如平板、地面、屋面板等构件的捣实工作。

外部振动器通常是利用螺栓或锥形夹具固定在模板外侧,不直接接触混凝土,借助模板或其他物体将振动力传递给混凝土,主要适用于振捣钢筋较密、厚度较小等不宜使用内部振动器的结构构件。

振动台由上下台架、支撑弹簧、电动机、齿轮同步器、振动子等组成,台面只能作上下方向的振动,适用于混凝土预制构件的振捣。

三、混凝土搅拌运输车

如图 3—10 所示,混凝土搅拌运输车是运输混凝土的专用车辆。它在运输过程中,装载混凝土的搅拌桶能缓慢旋转,可有效地防止混凝土离析,因而能保证混凝土的输送质量。

四、混凝土泵

混凝土泵是在压力推动下沿管道输送混凝土的一种专用机械设备,按是否能够移动分为汽车式和牵引式两种,分别如图 3—11 和图 3—12 所示。

五、混凝土布料机

混凝土布料机是完成混凝土输送、布料、摊铺、浇筑入模的一体化机具,如图 3—13 所示。

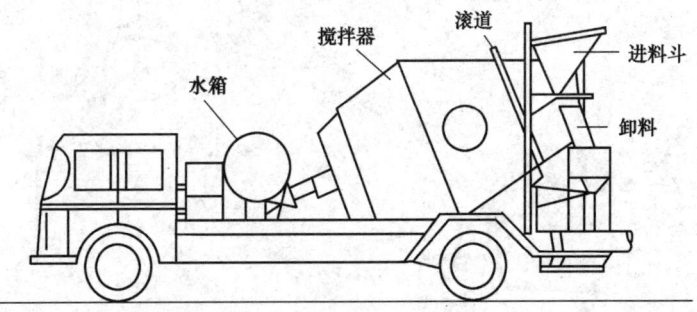

图 3—10 混凝土搅拌运输车

图 3—11 汽车式混凝土泵(混凝土泵车)

图3—12 牵引式混凝土泵

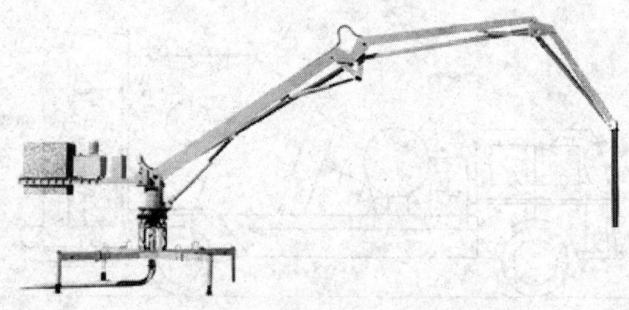

图3—13 混凝土布料机

 有关的文明施工知识

● 要按照总平面图布局堆放建筑材料和料具，料堆要堆放整齐并按规定挂置名称、品种、规格、数量、进货日期等标牌及状态标识。在经批准临时占用的对方区域，应在四周设置高于1 m的围栏。不要在工地围栏外堆放建筑材料、垃圾和工程渣土。

● 易燃、易爆的物品应置于危险品仓库，并做到分类堆放。

- 不能随意抛掷建筑材料、残土、废料和其他杂物。
- 散装水泥、粉煤灰、白灰等细颗粒粉状材料，应存放在固定容器（散灰罐）内，没有固定容器时应设封闭式专库存放，并具备可靠的防扬尘措施。
- 运输水泥、粉煤灰、白灰等细颗粒粉状材料时，要采取遮盖措施，防止沿途遗撒、扬尘，卸运时，应采取措施，以减少扬尘。

习 题

1. 组成一般混凝土的材料有哪些？如何选用这些材料？
2. 混凝土的施工机械有哪些？如何选用这些机械？

第四单元 混凝土工程

模块一 混凝土施工操作的基本程序

混凝土施工是一项综合性操作过程,包括准备、搅拌、运输、浇筑、振捣、养护等主要过程。各个施工过程既相互联系又相互影响,任一施工过程不当都会影响混凝土的最终质量。因此,在混凝土施工过程中必须严格控制每一个施工操作环节,以确保混凝土的施工质量。

一、准备工作

为保证混凝土工程质量,在混凝土浇筑前一定要依据施工方案和现场客观条件做好各项准备工作。准备工作主要包括模板支设预验复核、钢筋设置等隐蔽工程的验收、劳动力准备、材料准备、机具准备、工作面的准备以及安全与技术交底等内容。

1. 模板准备

模板准备主要复核模板的位置、标高、截面尺寸以及预留拱度是否符合设计及方案要求。模板支撑应稳定、牢靠,在回填土上的支架必须满足其承载力与变形的要求。模板拼缝应严密。模板内的垃圾、泥土等杂物应清除干净。模板验收资料填报合格并认可。

2. 钢筋工程的检查

检查钢筋的位置、规格、品种、数量、接头位置及比例、保护层等是否与设计或规范相符。预埋件的规格、数量、位置符合要求。钢筋表面无油污。检查合格后填写钢筋工程隐蔽验收记录资料并认可。

3. 原材料准备

检查原材料的品种是否与试验配合比相同,所有进场原材料均有产品出厂合格证,并按规定进行复验。材料储备量和供应力能满足施工需要。

4. 机具准备

施工工具、搅拌机、称量设备、运输机械、振捣机械等设备全部完好,规格数量满足施工需要。

5. 劳动力准备

混凝土施工是有连续要求的过程,必须根据工程量、交接班次,准备充足的劳动力,并有合理的技能组合。

6. 安全、技术交底

对于各项安全设施,要认真检查其是否安全可靠及有无隐患,尤其是模板支撑、操作脚手架、运输道,临时用电,高处围护以及指挥、联络信号等。对于重要的施工部位,其安全要求应详细交底。

技术交底应包括作业班的计划工作量,劳动力的组织与分工,交接班要求,施工顺序、方法及施工缝留置位置,操作要点及质量要求等。

7. 其他准备

施工前及时与水电供应部门联系,防止水电供应中断。掌握天气情况,准备好防雨、防冻等措施。

★安全提示
- 每次施工前,全体人员必须进行安全施工技术交底,要有记录签字,明确安全注意事项及相关责任。
- 夜间施工时,必须提前准备好安全照明设备,检查安全防护设施是否齐全、有效。

二、混凝土的搅拌

1. 搅拌前配合比的调整

混凝土的配合比是在实验室根据现场委托参数及混凝土的配制强度经过试配和调整而确定的,称为实验室配合比。

实验室配合比所用砂、石是在干燥状态下确定的。而施工现场的砂、石都有一定的含水率,且含水率大小随气温等条件不断变化。

为了保证混凝土的质量,施工中应按砂、石实际含水率对原配合比进行调整,现场砂、石含水率调整后的配合比称为施工配合比。混凝土工需根据技术员测定出的施工配合比进行操作。

2. 选用恰当的搅拌机械

混凝土搅拌,就是将水、水泥、骨料、外加剂等进行均匀拌和的过程,同时通过搅拌,使混凝土拌和物达到塑化、强化的目的。混凝土的搅拌常用混凝土搅拌机进行。机械搅拌可以保证混凝土工程质量,减轻劳动强度,加快施工进度,降低成本。

自落式搅拌机是由旋转着的搅拌桶上的叶片将混凝土拌和物带到高处,然后靠自重落下搅拌,一般用于搅拌塑性混凝土和低流动性混凝土。

强制式搅拌机由旋转着的叶片将混凝土拌和物强制挤压、翻转,进行搅拌,一般用于搅拌干性混凝土。强制式搅拌机由于叶片容易磨损及卡料,搅拌的骨料最大粒径不能超过 60 mm。

3. 搅拌方法

(1) 一次投料搅拌方法。一次投料搅拌方法是一种传统的投料搅拌方法,这种方法在上料中先装石子,再装水泥和砂,然后一次性投入搅拌机。在鼓筒先加水或在料斗提升进料的同时加水,这种上料顺序使水泥夹在石子和砂中间,上料时不致飞扬且不致粘在斗底,水泥和砂先进入搅拌筒形成水泥砂浆,可缩短包裹石子的时间。

(2) 二次投料搅拌方法。传统的一次投料搅拌方法是将砂、石、水泥、水等同时投入搅拌机中,水泥颗粒被砂包裹着进入搅拌机,遇水后极易形成絮凝状水泥团块。试验证明,水灰比越小,这种结块现象越严重,致使水泥不能均匀分散并充分水化,导致混凝土强度降低,水泥浪费。为了解决传统的一次投料搅拌方法的缺点,提高混凝土强度及其他性能,目前通常采用二次投料搅拌方法。

二次投料搅拌方法可分为预拌水泥砂浆法和预拌水泥净浆法。预拌水泥砂浆法是先将水泥、砂和水加入搅拌筒内,搅拌成均匀的水泥砂浆,再投入石子搅拌成均匀的混凝土。预拌水泥净浆法是先将水泥和水充分搅拌成均匀的水泥净浆后,再加入砂和石子搅拌成均匀的混凝土。

二次投料搅拌方法与一次投料搅拌方法相比,混凝土的强度提高约15%,在强度相同的情况下,可节约水泥15%~20%。

4. 搅拌时间

搅拌时间是指从全部材料投入搅拌筒起,到开始卸料为止所用的时间。它与搅拌质量密切相关。混凝土的搅拌时间应根据混凝土的和易性和搅拌机的容量来确定,一般为1~2 min。搅拌时间过短,混凝土搅拌不均匀,强度及和易性都会下降;搅拌时间过长,会降低搅拌机的生产效率,同时会使不坚硬的粗骨料在大容量搅拌机内破碎从而影响混凝土的质量。混凝土搅拌的最短时间应符合表4—1的规定。

表4—1　　　　　混凝土搅拌的最短时间

混凝土坍落度 (mm)	搅拌机型式	搅拌机容量		
		≤250 L	250~500 L	>500 L
≤30	强制式	60 s	90 s	120 s
	自落式	90 s	120 s	150 s
>30	强制式	60 s	60 s	90 s
	自落式	90 s	90 s	120 s

5. 人工拌和

当现场没有机械或混凝土用量较小时,可采用人工拌和方法:

先将干砂倒在灰盘上,再将水泥倒在砂上,用铁锹反复翻拌均匀,直到颜色一致。再将石子倒入,然后渐渐加入定量的水湿拌三遍,拌到全部颜色一致,石子与水泥砂浆没有分离与不均匀的现象为止。另一种方法是将干拌均匀的水泥和砂堆成圆形,中间呈凹窝状,把石子倒入凹窝中,再倒入 2/3 左右的拌和水,一边搅拌,一边将砂浆往石子堆上盖。在搅拌过程中,不要使稀浆往外流,当拌和到砂浆与石子基本混合后,便进行翻拌,边翻拌边洒水,干处多洒,湿处少洒,把剩余的拌和水洒完。翻拌时,同时用铁耙来回拉耙,要求做到翻锹要搭挡,每锹要锹通,拉耙要耙通,浇水要定量,拉耙跟铁锹,浇水跟拉耙,以达到拌和均匀的目的。

★安全提示

人工拌和混凝土时,两人相对翻拌作业,要防止铁锹等工具碰伤。

6. 计量偏差要求

混凝土配合比一经调整后,就应严格按调整后的质量比称量原材料,其质量允许偏差见表 4—2。

表 4—2　　　　　投料时允许的称量误差

材料名称	允许误差(不大于)
水泥、混合料、水、外加剂	±2%
砂、石子、轻骨料	±3%

三、混凝土运输

混凝土从搅拌机中出料后,应及时运送到浇筑地点,这一运送过程即为混凝土运输。

1. 选择运输机具

混凝土运输主要分为现场水平运输、垂直运输和楼面运输三种情况，使用商品混凝土时分为城市道路运输和现场内卸料运输两种。

组织选取运输方案时，应根据施工方法、工程特点、单位时间需要量、运距长短及现有的运输设备等综合确定运输工具。

常用的运输工具有单双轮手推车、机动翻斗车、自卸汽车、提升机、塔式起重机、施工电梯、混凝土泵（拖泵、车泵）、混凝土布料机、混凝土搅拌运输车等。

> ★安全提示
> ● 使用手推车运送混凝土时，用力不能过猛，不准撒把。
> ● 向坑、槽内倒混凝土，必须沿坑、槽边沿设置高度不低于 10 cm 的车轮挡装置。
> ● 混凝土工推车倒料时，要站稳，保持身体平衡，并通知下方人员离开。
> ● 使用混凝土泵输送混凝土时，要保证管道架子、接头严密、牢固，输送前必须试压，卸压后才可交技术员检修。

2. 运输要求

（1）运输过程中，应保持混凝土的均匀性，避免产生分层离析现象。

（2）混凝土运至浇筑地点，应符合浇筑时所规定的坍落度。

（3）运送混凝土的容器应严密，其内壁应平整光洁，不吸水，不漏浆，黏附的混凝土残渣应经常清除。冬季可保温，夏季可防晒。

（4）应保证混凝土单位时间内的供应量满足浇筑工作能够连续进行。

（5）混凝土应以最少的中转次数、最短的时间，从搅拌地点运至浇筑地点，保证混凝土从搅拌机卸出后到浇筑完毕的延续时间不超过表4—3的规定。

表4—3　混凝土从搅拌机中卸出后到浇筑完毕的时间　　　min

混凝土强度等级	气　温	
	≤25℃	>25℃
C30及C30以下	120	90
C30以上	90	60

注：1. 掺用外加剂或采用快硬水泥拌制混凝土时，应按试验确定。
　　2. 轻骨料混凝土的运输、浇筑延续时间应适当缩短。

四、混凝土的浇筑、振捣

混凝土浇筑要保证混凝土的均匀性和密实性，保证结构的整体性和尺寸准确，并且保证钢筋、预埋件的位置正确，拆模后混凝土表面要平整、光洁。

1. 混凝土的浇筑方法和一般规定

（1）混凝土浇筑前不应发生初凝和离析现象，如已发生，应重新搅拌，使混凝土恢复流动性和黏聚性后再进行浇筑。

（2）为防止混凝土浇筑时产生离析，混凝土自由倾落高度不宜超过2 m，若混凝土自由下落高度超过2 m，应采用溜槽、串筒等下料，如图4—1a和图4—1b所示。当混凝土浇筑高度超过8 m时，则应采用节管振动串筒，即在串筒上每隔2～3节管安装一台振动器，如图4—1c所示。

★安全提示
　　浇筑混凝土使用的溜槽及串筒节间必须连接牢固，操作部位应有防护栏杆，不能直接站在溜槽帮上操作。

（3）浇筑较厚的构件时，为了使混凝土振捣密实，必须分层浇筑。每层浇筑厚度与捣实方法、结构的配筋情况有关，应符合表4—4的规定。

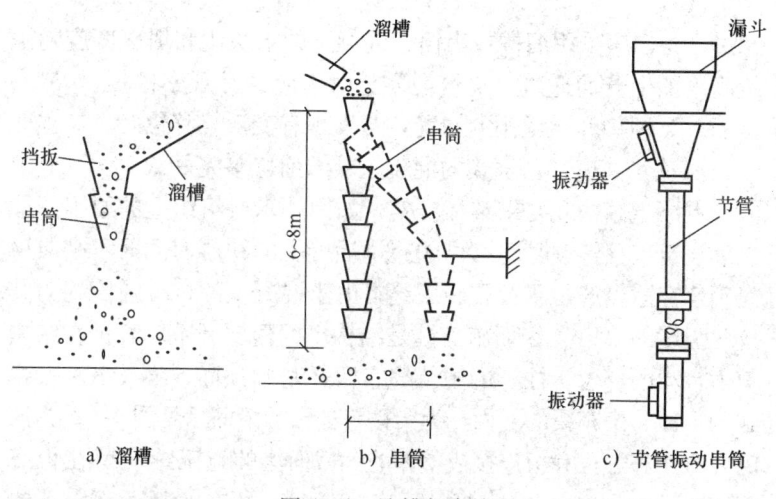

a) 溜槽　　　　b) 串筒　　　　c) 节管振动串筒

图 4—1　溜槽与串筒

表 4—4　　　　　混凝土浇筑层的厚度

项目	捣实混凝土的方法		浇筑层厚度（mm）
1	插入式振动		振动器作用部分长度的 1.25 倍
2	表面振捣		200
3	人工捣实	基础或无筋混凝土和配筋稀疏的结构中	250
		梁、墙、板、柱结构中	200
		配筋密集的结构中	150
4	轻骨料混凝土	插入式振动	300
		表面振动（振动时需加载荷）	200

（4）混凝土的浇筑应连续进行，如必须间歇作业，间歇时间应尽量缩短，并要在前层混凝土凝结前，将次层混凝土浇筑完毕。间歇的最长时间应按所用水泥品种及混凝土凝结条件确定。

（5）在浇筑竖向结构（如墙、柱）的混凝土时，若浇筑高度超过3 m，应采用溜槽或串筒。混凝土的水灰比和坍落度应随浇筑高度的上升而递减。浇筑混凝土时，应经常观察模板、支架、钢筋、预埋件和预留洞的情况，当发现有变形、移位时，应立即停止浇筑，并应在已浇筑的混凝土凝结前修整完好。

混凝土结构多要求整体浇筑，如因技术或组织上的原因不能连续浇筑，且停顿时间有可能超过混凝土的初凝时间时，则应事先确定在适当的位置留置施工缝。由于混凝土的抗拉强度约为其抗压强度的1/10，因而施工缝是结构中的薄弱环节，宜留在结构剪力较小的部位。柱子的施工缝宜留在基础顶面、梁或吊车梁牛腿的下面、吊车梁的上面、无梁楼盖柱帽的下面（见图4—2），同时要方便施工；和板连接成整体的大截面梁的施工缝应留在板底面以下20～30 mm处，当板下有梁托时，留在梁托下部；单向板的施工缝应留在平行于板短边的任何位置；有主次梁的楼盖宜顺着次梁方向浇筑，施工缝应留在次梁跨度中间的1/3长度范围内（见图4—3）；墙的施工缝可留在门洞口过梁跨度中间1/3范围内，也可留在纵横墙的交接处；双向受力的楼板、大体积混凝土结构、拱、薄壳、多层框架及其他复杂结构，应按设计要求留置施工缝。

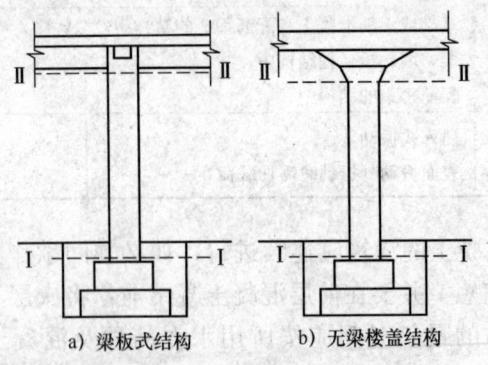

a) 梁板式结构　　b) 无梁楼盖结构

图4—2　柱子的施工缝位置

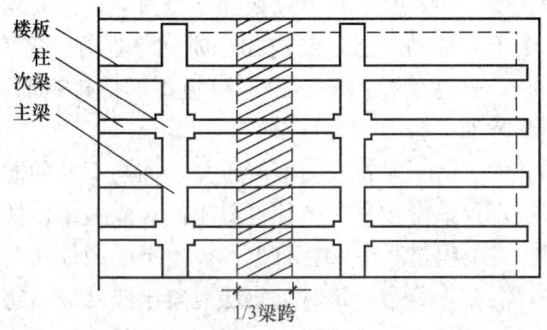

图4—3 有主次梁楼盖的施工缝位置

(6)在施工缝处继续浇筑混凝土时,已浇筑的混凝土抗压强度不小于1.2 N/mm²。混凝土达到这一强度所需的时间取决于水泥的强度等级、混凝土强度等级和气温等,可根据试块试验确定。

(7)施工缝的处理

1)在已硬化的混凝土表面上继续浇筑混凝土之前,应清除垃圾、水泥薄膜、表面上松动的砂石和软弱混凝土层,同时,还应加以凿毛,用水冲洗干净并充分湿润,残留在混凝土表面的积水应予以清除,或按工程规定的处理方法,先在施工缝处喷刷一层界面剂后,再继续浇筑混凝土。

2)注意在施工缝位置附近回弯钢筋时,要做到钢筋周围的混凝土不松动、无损坏。钢筋上的油污、水泥砂浆及浮锈等杂物也应清除。

3)在浇筑前,水平施工缝宜先铺上一层10~15 mm厚的水泥砂浆,其配合比与混凝土内的砂浆成分相同。

2. 振动器的操作方法

振动器的振捣法有两种:一种是垂直振捣,即振动棒与混凝土表面垂直;另一种是斜向振捣,即振动棒与混凝土表面成40°~45°角。

(1)插入式振动器的操作。插入式振动器又称为内部振动器，其操作要点为：直上直下，快插与慢拔；插入要均布，切勿漏点插；上下要抽动，层层要搭扣；时间掌握好，密实质量佳；操作要细心，软管莫卷曲；不得碰模板，不得碰钢筋；用200 h后，要加润滑油；振动 0.5 h，停歇 5 min。

快插是为了防止先将表面混凝土振实而与下面的混凝土发生分层、离析现象；慢拔是为了使混凝土能填满振动棒抽出时所造成的空洞。在振捣过程中，宜将振动棒上下略微抽动，以使上下振捣均匀。混凝土分层浇筑时，每层混凝土厚度应不超过振动棒长的 1.25 倍；在振捣上一层时，应插入下一层 5~10 cm，以消除两层之间的接缝（见图 4—4）。在振捣上层混凝土时，要在下层混凝土初凝之前进行。每插一点要掌握好振捣时间，过短不易捣实，过长可能引起混凝土产生离析现象，这对塑性混凝土尤其要注意。一般每点振捣时间为 20~30 s，使用高频振动器时，最短不应少于 10 s。应以混凝土表面成水平且不再显著下沉，不再出现气泡，表面泛出灰浆为准。

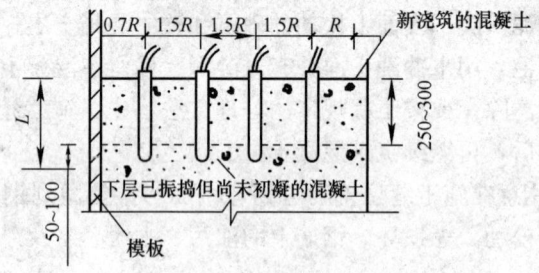

图 4—4 插入式振动器的插入深度

振动器插点要均匀排列，可采用"行列式"或"交错式"的次序移动（见图 4—5），不应混用，以避免造成混乱发生漏振。每次移动的位置的距离不应大于振动棒作用半径的 1.5 倍。一般振动棒的作用半径为 30~40 cm。振动器使用时，振动器距离模板不应大于振动器作用半径的 0.7 倍，且不宜紧靠模板振动，应尽量避免碰撞钢筋、芯管、吊环、预埋件等。

（2）表面振动器的操作。表面振动器又称为平板振动器，其操作要点如下：

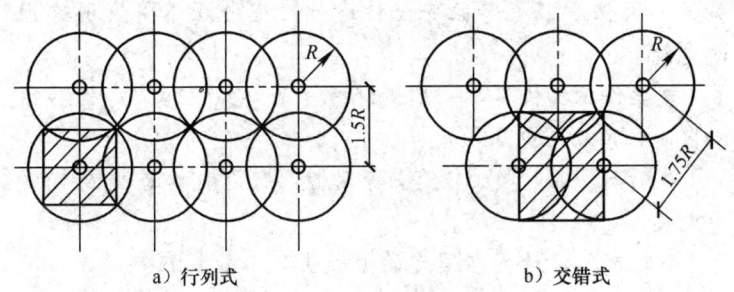

a）行列式　　　　　　b）交错式

图 4—5　振捣点的布置
R：振动棒的有效作用半径

1）表面振动器在每一个位置上应连续振动一定时间，正常情况下为 25～40 s，以混凝土表面均匀出现浆液为准，移动时应成排列依次振动前进，前后位置和排与排间应有 30～50 mm 的相互搭接，防止漏振。振动倾斜混凝土表面时，应由低处逐渐向高处移动，以保证混凝土振实。

2）从表面看振动器的有效作用深度，在无筋及单筋平板中为 200 mm；在双筋平板中约为 120 mm。

（3）外部振动器的操作。外部振动器又称为附着式振动器，外部振动器的振动作用深度在 250 mm 左右，如构件尺寸较厚时，需在构件两侧安设振动器进行振捣。外部振动器的振动时间和有效作用，由结构形状、模板坚固程度、混凝土坍落度及振动器功率大小等各项因素决定。一般每隔 1～1.5 m 的距离设置一个振动器。当混凝土成一水平面不再出现气泡时，可停止振动，必要时通过试验确定振动时间。混凝土入模后方可开动振动器，混凝土浇筑高度要高于振动器安装部位。当钢筋较密和构件断面较深较窄时，可采取边浇筑边振捣的方法。

★安全提示
- 使用振捣机具前,需先由电工对电动机、导线、开关、漏电保护装置等的安全性进行检查,且不要使用破损的电缆。
- 操作振捣机具,必须戴绝缘手套,穿绝缘鞋,搬移振动器时必须切断电源。
- 雨天作业时,必须遮盖振动器,避免雨水进入电动机,导电伤人。
- 振动器应放置在固定的架子上,不能扎在钢筋上,不准推拉,不要在钢筋上连续振捣,避免烧毁电动机。

3. 人工浇筑、振捣

随着混凝土施工机具的普及使用,人工浇捣已不宜采用,但一些特殊结构还需要用人工浇筑、捣固作为辅助,施工人员还要知道其操作要领。

(1) 混凝土入模。浇筑前,应先观察运抵现场的混凝土有无离析。如离析,应在灰盘上人工进行二次拌和。拌和均匀后,采用"扣锨入模",这样混凝土会在抛送入模的最后时刻,铁锨头突然翻转,凹面朝下,凹形锨面阻止了混凝土的向前运动,并改变了它的运动方向,直接扣入模内,形成了一个小堆,防止了混凝土中石子与砂浆的分离,保证了入模后混凝土的均匀性。

(2) 人工捣固

1) 工具。对基础、梁、柱,可用竹竿、捣锤、捣钎、捣铲等;对于地面、板、小梁,可用铲、锨、平底锤等。

2) 捣固方法。边扣锨入模,边捣插,多插、轻插、密插为佳。不宜用力过猛,插点应均匀分布,钢筋及边角多插,模板内侧多插,直至混凝土不再冒出气泡,砂子不再显著下沉,表面泛浆为止。

五、混凝土的养护

混凝土浇筑完毕后，必须进行养护。常用的养护方法有浇水养护、喷膜养护、太阳能养护和蒸汽养护等。

1. 浇水养护

覆盖浇水养护在自然气温高于 5℃ 的条件下，用草袋、麻袋、锯末等覆盖混凝土，并在上面经常浇水保持湿润。普通混凝土浇筑完毕，应在 12 h 内覆盖和浇水，浇水次数以能保持足够的湿润状态为宜。在一般气候条件下（气温为 15℃ 左右），在浇筑后最初 3 天，白天每隔 2 h 浇水 1 次，夜间至少浇水 2 次。在以后的养护期内，每昼夜至少浇水 4 次。在干燥的气候条件下，浇水次数应适当增加，浇水养护时间一般以混凝土达到标准强度的 60% 左右为宜。

在一般情况下，硅酸盐水泥、普通硅酸盐水泥和矿渣硅酸盐水泥拌制的混凝土，其养护时间不应少于 7 天；火山灰质硅酸盐水泥及粉煤灰硅酸盐水泥拌制的混凝土，其养护时间不应少于 14 天；矾土水泥拌制的混凝土，其养护时间不应少于 3 天；掺入缓凝型外加剂的或有抗渗要求的混凝土，其养护时间不应少于 14 天。其他品种水泥拌制的混凝土，其养护时间应根据该水泥的技术性能加以确定。在外界气温低于 5℃ 时，不允许浇水。

2. 喷膜养护

喷膜养护是在混凝土表面洒一至二层塑料溶液，待溶剂挥发后，在混凝土表面凝结成一层塑料薄膜，使混凝土表面和空气隔绝，混凝土中的水分不再被蒸发，而完成水化作用。这种养护方法适用于表面积大的混凝土施工和缺水地区。

3. 太阳能养护

太阳能是一种无公害、无污染的自然能源。用塑料薄膜作为覆盖物，四周用砖石等物压紧，使其不漏风；也可用塑料罩罩在构件上，混凝土在薄膜内靠本身的水分和透过薄膜聚集的太阳能热量使混凝土发生水化作用。利用太阳能养护，成本低、操作简单、质量好、强度均匀，比浇水自然养护有明显的优越性。

4. 蒸汽养护

蒸汽养护是缩短养护时间的有效方法之一。混凝土在较高温度和湿度条件下，可迅速达到所要求的强度。

构件在浇筑成型后先静置 2~6 h，再进行蒸汽养护，以增强混凝土在升温阶段对结构产生破坏作用的抵抗能力。升温速度不能太快，一般控制在 10~25℃/h（干硬性混凝土为 35~40℃/h），防止因混凝土表面体积膨胀太快而产生裂缝。

温度上升到一定值后恒温一段时间，以保证混凝土强度增长。恒温的温度随水泥品种不同而异，普通水泥的养护温度不得超过 80℃；矿渣水泥、火山灰质水泥可提高到 90~95℃。恒温时间一般为 5~8 h，恒温加热段应保持 90%~100% 的相对湿度。

经蒸汽养护的混凝土降温不能过快，如降温过快，混凝土会产生表面裂缝，因此，降温速度应加以控制。一般情况下，构件厚度在 100 mm 左右时，降温速度为 20~30℃/h。

为了避免蒸汽温度骤然升降引起混凝土构件产生裂缝变形，必须严格控制升温和降温的速度。当室外为负温度时，出槽的构件温度与室外温度相差不得大于 20℃；当室外为常温时，相差不得大于 40℃。

六、混凝土模板拆除

混凝土结构浇筑后达到一定强度方可拆除。拆除模板期限取决于混凝土的强度、模板的用途、结构的性质及混凝土硬化的气温。

1. 现浇混凝土结构拆模条件

对于整体式结构的拆模期限，应遵守以下规定：

（1）非承重的侧面模板，在混凝土强度能保证其表面及棱角不因拆除模板而损坏时，方可拆除。

(2) 底模在混凝土强度达到表4—5的规定后,方可拆除。

表 4—5　现浇结构底模拆除时混凝土应达到的强度

结构类型	结构跨度（m）	按设计的混凝土立方体抗压强度标准值的百分率（%）
板	≤2	50
	>2,≤8	75
	>8	100
梁、拱、壳	≤8	75
	>8	100
悬臂构件	—	100

(3) 已拆除模板及其支架的结构，应在混凝土达到设计强度后，才允许承受全部计算载荷。施工中不得超载使用，严禁堆放过量建筑材料。当承受施工载荷大于计算载荷时，必须经过核算加设临时支撑。

(4) 钢筋混凝土结构如在混凝土未达到规定的强度下进行拆模，很可能会发生重大事故。

2．预制构件的拆模条件

预制构件的拆模强度，当无设计规定时，应遵守以下规定：

(1) 拆除侧面模板时，混凝土强度能保证构件不变形，棱角不因拆除模板而变形损坏。

(2) 承重底模，其构件跨度等于或小于 4 m 时，在混凝土强度达到设计强度的 50% 时方可拆除；构件跨度大于 4 m 时，在混凝土强度达到设计强度的 75% 时方可拆除。

(3) 拆除空心板或预留孔洞的内模，在能保证表面不发生塌陷和裂缝时方可拆除，并应避免较大的振动或碰伤壁孔。

★安全提示

　　拆模时,应尽量避免混凝土表面或模板受到损坏,注意安全施工。拆下的模板,有钉子的,要求钉尖朝下,以免扎脚。已拆除模板及其支架的结构,应在混凝土强度达到设计的混凝土强度标准值后,才允许承受全部使用载荷。

模块二　混凝土施工操作工艺方法

　　在混凝土施工中,如何对准备施工的部位、构配件,通过逐一实施基本操作程序来完成施工任务。基本方法是,先制定一个可行的施工方案、方法,并在实施中加以控制,达到目标。

　　混凝土工程各工序的工艺方法汇总,见表4—6,以供参考。

表4—6　　混凝土基本程序工艺方法汇总表

序号	方法与程序选择	工艺方法(现场与商品化)	选择原则
1	计量	量具、磅秤、全自动配料机	现场客观选择;施工组织设计方案
2	搅拌	人工、自落式混凝土搅拌机、强制式混凝土搅拌机、搅拌站、搅拌中心、搅拌楼等	机械为首选;施工组织设计方案
3	运输	单双轮手推车、机动翻斗车、自卸汽车、混凝土搅拌运输车、混凝土泵、混凝土拖泵、混凝土布料机、垂直提升机、塔式起重机、汽车式起重机	各种运输机械;施工组织设计方案

续表

序号	方法与程序选择	工艺方法（现场与商品化）	选择原则
4	入模	翻锹、料斗、滑槽、布料管、传送带、串筒、导管	分层、分段；施工组织设计方案
5	振捣	人工、振捣棒、平板振动器、振动台、附着式振动器	机械振捣；施工组织设计方案
6	养护	人工自然养护、蒸汽养护、铺膜养护、太阳能养护、红外线养护等	人工养护、节能养护；施工组织设计方案

施工时须依现场客观条件在确保施工安全和施工质量的前提下综合考虑施工具体方法，一般的组合方法如下：

1. 商品混凝土＋现场泵送入模＋分层机械振捣＋自然养护

商品混凝土是在搅拌站集中统一拌制后，用混凝土搅拌运输车运送至各个施工现场进行浇筑使用的混凝土。这种组合方法适用于一次性浇筑量大的基础、柱墙、梁板结构。

2. 商品混凝土＋现场塔式起重机＋分层机械振捣＋自然养护

这种组合方法适用于一次性浇筑量较大的柱、墙和梁板结构。

3. 现场机械搅拌＋现场泵送入模＋分层机械振捣＋自然养护

现场搅拌混凝土，搅拌前各工序质量控制点较多，通常质量稳定性不如商品混凝土。这种组合方法适用于柱、墙及梁板等构件的施工。

4. 现场机械搅拌＋塔式起重机＋机械振捣＋自然养护

这种组合方法适用于桩基、垫层、柱、墙、梁、板及其他小构件的施工。

5. 现场机械搅拌＋单、双轮手推车＋施工电梯＋机械振捣＋

自然养护

这种组合方法适用于高层的阳台栏板、隔墙、构造柱、圈梁、叠浇层等构配件混凝土施工。

6. 现场机械搅拌＋单、双轮手推车＋提升机＋机械振捣＋自然养护

这种组合方法适用于构造柱、圈梁、现场小构件等混凝土施工。

7. 人工拌和＋单、双轮手推车＋机械振捣＋自然养护

这种组合方法适用于工程量和强度等级较小的垫层、散水及现场临时设施的混凝土施工。

8. 人工拌和＋单、双轮手推车＋人工振捣＋自然养护

这种组合方法适用于工程量较小，浇筑困难的栏板、小预制构件等的混凝土施工。

根据现场实际情况，灵活选择与组合各工序的施工方法，具有实用性和可操作性，出现不妥之处须及时进行调整，以便最大限度保质保量地及时完成施工任务。

模块三　混凝土基础的施工

基础是建筑物下部结构的组成部分，承担将上部结构全部载荷传递给地基的任务，施工人员必须了解地基的重要性，熟悉工程特点、工序顺序、操作技能要点及注意事项。

一、混凝土基础施工的工程特点

混凝土基础施工的工程特点主要表现在一次性施工工程量大，钢筋较疏，表面不要求平滑，对轴线、标高、预埋件、预留孔要求准确。高层大多在自然地面以下，混凝土质量要求密实，施工方案多为连续施工，浇筑集中节奏快，混凝土运输量大，一次性消耗资源数量大，混凝土强度等级多为C20～C35，有些还

有防渗要求。

> ★安全提示
> 　　浇筑基础混凝土时，基槽四周临边要防护完整，上下走人行专用道，在槽边不得向槽里投掷物体。

二、混凝土垫层施工

混凝土垫层是钢筋混凝土基础与地基土的中间层，作用是使其表面平整，便于在上面绑扎钢筋，同时也起到保护基础的作用，如图4—6所示。混凝土垫层均为素混凝土，无需加钢筋。

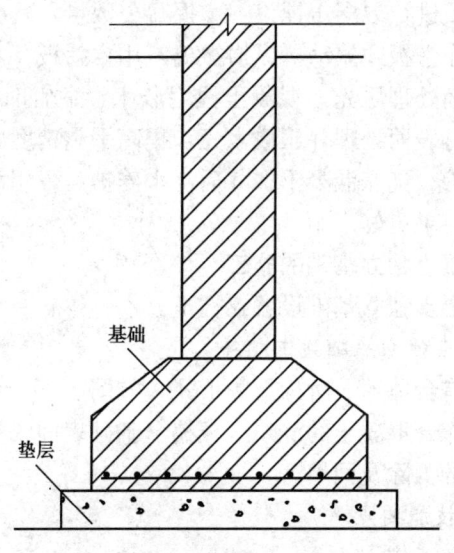

图4—6　混凝土垫层

1. 混凝土垫层施工顺序

准备工作→铺浇混凝土、振捣→表面处理压光→养护。

2. 操作技能要点

（1）准备工作

1) 原材料。选用 32.5 级以上、质量合格的水泥。砂子应用中、粗砂，含泥量不大于 5%。用 10～31.5 mm 粒径的石子，并提前做好配合比。

2) 基底土层清理验收，提前洒水湿润土体表面，支好外围模板。

3) 抄平，设立垫层厚度水平控制桩，纵横控制桩间距不应大于 6 m。

4) 做好现场水、电供应和夜间照明设施准备工作。

5) 进行本项施工的安全、技术、质量等各项交底工作。

(2) 铺浇混凝土、振捣。按水平桩标高，从远到近，从低向高逐区、逐段进行混凝土铺设，掌握盈欠数量，减少翻、倒工作量，两人操作平板式振动器纵横振捣，用木托板及木抹搓毛。

(3) 表面处理压光。混凝土搓毛收水，适宜时间可以抹面，分为二次进行表面处理并压成水光，提高平整精度。

(4) 养护。浇完混凝土 12h 后浇水养护，采用薄膜、毡垫覆盖保湿养护效果更好。

三、混凝土独立基础的施工

一般混凝土独立基础设置在柱下。

1. 混凝土独立基础施工顺序

常见的有台体形、阶梯形等形式，如图 4—7 所示。

准备工作→混凝土的浇筑、振捣→基础表面修整→混凝土的养护→模板的拆除及回填。

2. 操作技能要点

(1) 准备工作

1) 材料、机具、操作人员满足施工需要。

2) 基层清理，检查标高、轴线、模板安装位置，钢筋的绑扎和安放，保护层合适，进行隐蔽工程的验收。

3) 进行本项目施工的安全、技术、质量等各项交底工作。

(2) 混凝土浇筑、振捣

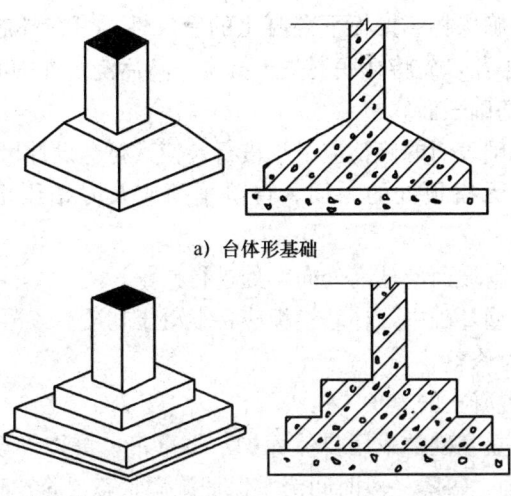

a) 台体形基础

b) 阶梯形基础

图 4—7 独立基础

1) 混凝土独立基础宜一次性浇筑完成，不得留施工缝。

2) 混凝土下料入模应逐层进行，分层厚度一般为 250～300 mm，对于深度大于 2 m 的基础，应采用串筒或溜槽下料，以避免产生离析现象。

3) 浇筑施工中必须保证模板位置的正确性，减少混凝土对模板的冲击变形和移位。

4) 振捣宜用插入式振动器，按方格形式布点，每个插点的振捣时间一般控制在 20～30 s，以混凝土表面泛浆后无气泡为准。

5) 上下台阶混凝土分层浇筑时，上层混凝土的插入式振动器进入下层混凝土的深度应不少于 50 mm。

6) 为确保杯芯标高不超高，需待混凝土浇筑振捣至杯芯模板下时，方可安装杯芯模板，再浇筑振捣杯口周围的混凝土。杯芯模板底部的标高可下压 20～30 mm。

7) 为确保杯芯模板下混凝土的密实性,可在杯芯模板上开几个透气小孔,先将杯底混凝土捣实,然后浇筑外围混凝土。

(3) 基础表面修整

1) 基础表面的修整应尽早进行,使其符合设计尺寸。

2) 对无模板处的斜面、台阶平面应及时拍压出浆,随即压光。

3) 对斜坡面应从高处向低处进行修整。

4) 杯型基础中,杯芯模板应在混凝土初凝后终凝之前进行,拆除后及时修整。

(4) 混凝土的养护

1) 独立基础常采用自然养护,将草帘、草袋等覆盖在基础混凝土表面,每隔一段时间浇水保证湿润状态,养护时间不应少于7天。

2) 浇水要适当,不能让基础浸泡在水中。

四、混凝土条形基础的施工

混凝土条形基础有墙下基础和柱下基础之分,如图 4—8 所示。条形基础的混凝土可用支模浇筑和原槽浇筑两种施工方法,如图 4—9 所示。

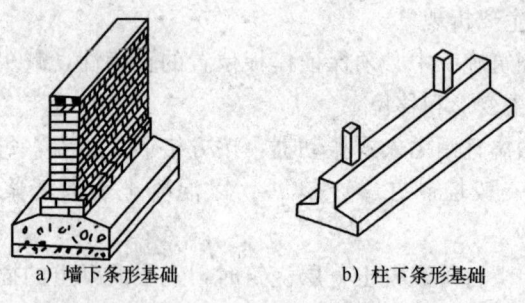

a) 墙下条形基础　　　b) 柱下条形基础

图 4—8　条形基础

1. 混凝土条形基础施工顺序

准备工作→混凝土的浇筑与振捣→基础表面的修整→混凝土

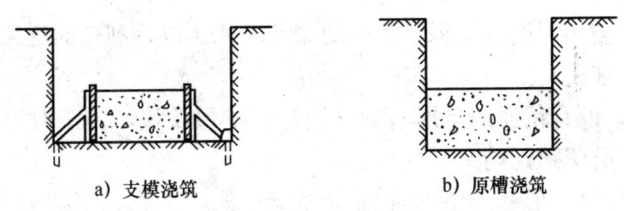

a) 支模浇筑　　　　　b) 原槽浇筑

图 4—9　条形混凝土基础

的养护。

2. 操作技能要点

(1) 准备工作

1) 先对基坑进行浮土清理, 土面洒适量的水湿润, 检查标高、宽窄尺寸符合要求。

2) 采用原槽浇筑方案时, 槽体宽窄严格控制, 并在槽壁上钉水平控制桩, 间距不应大于 2.5 m, 外露 30~50 mm。采用支侧模浇筑方案时, 侧模应在槽内支撑牢靠, 并在侧模内侧弹出标高控制墨线。

3) 水泥、砂、石等原材料或商品混凝土供应已落实到位, 满足施工需要。

4) 人员配备充足, 已做好安全、技术、质量等专项交底。

5) 做好作业面上运输通道的搭设, 堆、拌料铁盘的安放, 施工水的排除, 后期养护等其他准备工作。

(2) 混凝土浇筑与振捣

1) 条形基础属于窄而长的构件, 浇筑前应根据基础薄厚和长度进行分层、分段连续浇筑, 一般不留施工缝。从远到近, 做到逐段、逐层呈阶梯形依次进行, 逐渐缩短混凝土的运输距离。

2) 工程量不大时, 可将混凝土卸在拌料盘上, 用铁铲集中"扣锨入模"投料。工程量大时, 可采用溜槽、串筒下料。投料必须采用先边角后中间的方法, 以保证混凝土的浇筑质量。

3) 条形基础的振捣采用插入式振动器, 掌握好平面插入点间距和插入深度以及每个插点的振动时间,以达到表面泛浆、无气泡为准。

4) 设有钢筋的条形基础,做好保护层垫块,施工时不允许施工人员踩踏钢筋。

5) 对条形基础中的埋件应固定牢靠,下料、浇捣要对称,严防埋件移动变形。

(3) 条形基础表面的修整。在条形基础浇筑完成后,后边紧跟对其表面的二次修整,以保证外形质量。

(4) 混凝土的养护。混凝土终凝后,用湿润的草帘、草袋等覆盖,并适时浇水养护,养护时间应不少于7昼夜。

五、大体积混凝土基础的施工

大体积混凝土基础包括大型设备基础、大面积满堂基础(如图4—10所示的筏式基础和箱形基础)、大型构筑物基础等。大体积基础的整体性要求高,混凝土必须连续浇筑,不留施工缝。浇筑时应分层进行。上下层混凝土在初凝前必须复浇结合好。另外,必须考虑防止因体形大,水泥水化热聚积而引起的温度裂缝。

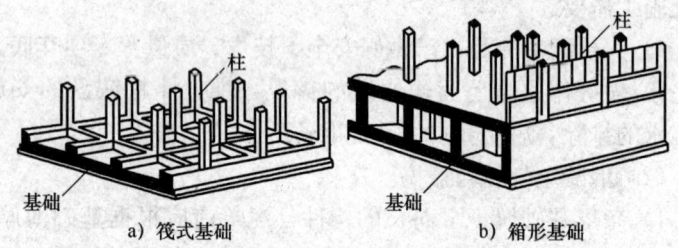

a) 筏式基础　　b) 箱形基础

图4—10　满堂基础

大体积混凝土基础在浇筑前应认真分析各种因素,做好施工方案。实施中切实用方案指导施工,确保基础的浇筑质量。

1. 大体积混凝土基础施工顺序

准备工作→划分施工区段、浇筑流向→分层浇筑与振捣→表面处理与养护。

2．操作技能要点

(1) 准备工作

1) 由于大体积混凝土基础一次性施工工程量很大，无论现场搅拌还是商品混凝土都对原材料消耗很大，必须保质保量做好原材料的供应工作。

2) 现场劳动力、机具必须充分准备，在城市闹市区施工应提前办好夜间施工申请审批手续。

3) 现场水、电、道路、夜间照明、后勤服务一律安排到位。

4) 参与施工的全体人员做好各项交底工作，交底内容记录在案。

5) 为保证混凝土浇筑工作能连续进行，并在下层混凝土初凝前接茬浇筑上层混凝土，必须考虑每小时满足施工要求的最小混凝土供应量达到要求。

(2) 划分施工区段、浇筑流向

1) 一般采用先远后近，先低（深）后高（浅）的基本流向安排施工。

2) 具体方案有全面分层、分段分层、斜面分层三种，如图4—11所示。根据现场情况选用。

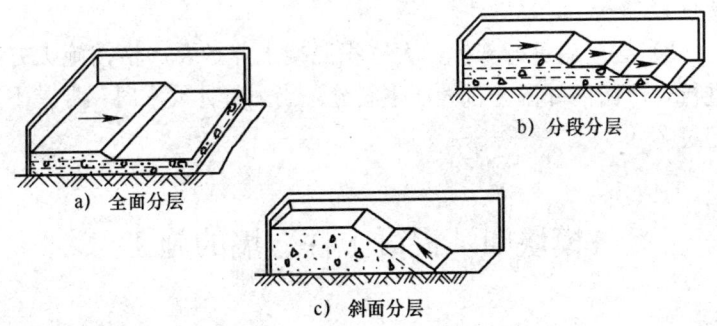

图 4—11 大体积混凝土基础浇筑方案

(3) 分层浇筑与振捣

1) 混凝土浇筑时，用吊斗可直接向基础模板内下料。混凝土自由倾落高度超过 2 m 时，需采用串筒、溜槽下料。采用泵管、布料机时，直接用泵管前端软管、布料机软管向基础模板下料。

2) 下料方案应适应浇筑面积、浇筑速度和混凝土的摊平，下料布点间距不宜过大。

3) 每个下料布点，成堆混凝土靠混凝土的自流动和插入式振动器的辅助进行本浇筑层的摊平。

4) 下料与振捣应分层交替进行，即浇筑下料摊平一层，暂停下料，进行本层振捣，不可漏振。完成后，再次下料摊布上一层，直至全部完成。

5) 由于大体积混凝土基础工程量大，上表层容易形成少石、多砂（石子下沉）和水、水泥浆上浮等不利影响，容易产生裂缝。因此，要对上表层混凝土配合比进行调整，如降低水灰比、减少砂用量等。

(4) 表面处理与养护

1) 大体积混凝土基础表面抹平不能过早，因为过早收面后混凝土中的水还要上浮产生裂缝。一般可安排前后两次较为适合。

2) 终凝后进行养护。大体积混凝土养护要严格按施工方案进行，严防内外温差过大产生裂缝。当无具体要求时，温差不宜超过 25℃。

模块四　混凝土柱、墙的施工

混凝土柱、墙是建筑结构承力的竖向构件，占地平面积不大，比较高，在浇筑时模板易变形、移动。施工操作人员必须熟

悉柱、墙的特点,合理下料,有序振捣,保质保量完成任务。混凝土柱、墙施工的基本程序为:

准备工作→混凝土铺底起浆→混凝土下料灌注→混凝土的密实振捣(灌注、振捣交替进行)→混凝土表面处理→混凝土的养护→模板拆除。

一、准备工作

1. 准备工作程序

抄平、放线→混凝土接茬表面处理→钢筋工程验收→预埋管件检查验收→模板工程验收→混凝土工程施工条件准备验收→以上合格后下达混凝土浇灌令。

2. 准备工作内容

(1) 钢筋验收。混凝土的浇筑必须在钢筋工程隐蔽验收合格后进行,验收的主要项目有钢筋规格、品种、数量、间距、接头、保护层、安装牢靠程度等。

(2) 水、电预埋验收。对埋设在混凝土中的各种水电预埋管线必须在浇混凝土前进行隐蔽验收,形成资料,验收主要项目有埋设材料品种、规格、数量、位置、保护层等。

(3) 模板验收。检查模板配置和安装是否符合要求,做好预验记录形成资料。验收主要项目有支撑是否牢固、轴线位置、垂直度、标高、起拱情况、浇筑口、振捣口、施工缝留设位置等。

(4) 混凝土施工条件准备。现场搅拌时,原材料的品种、质量、供应量符合要求。采用商品混凝土时,供应强度能满足最小量要求。现场劳动力、机具、夜间照明、水、电、后勤服务等应具备施工条件。城市闹市区已提前办好夜间施工申请。参与施工的各类人员做好各项交底工作。

二、混凝土柱的施工

1. 混凝土柱的灌注要点

(1) 当柱高不超过3 m时,混凝土可由柱模顶部直接入模。当柱高超过3 m时必须分段灌注,每段高度不得超过3 m。

（2）柱内有交叉箍筋时，应按 2 m 分段，在柱侧面留门子洞，用斜溜槽灌注混凝土。

（3）混凝土灌注前，柱基表面应先填以 50~100 mm 厚与混凝土内砂浆成分相同的水泥砂浆或"减半石"混凝土，然后再灌注上层混凝土。每层灌注高度不宜超过 500 mm。

（4）为防止混凝土灌至一定高度后，柱内因石子下沉，而在上部聚积大量浆水造成混凝土的不均匀现象，在灌注至一定高度后，可适量减少混凝土拌和水灰比或保持砂率不变减少砂子用量。

（5）浇筑一排柱子的顺序应从两端同时开始向中间推进，不可从一端开始向另一端推进。

2. 混凝土柱的振捣要点

（1）柱子混凝土浇筑一般用插入式振动器振捣。浇灌与振捣交替进行。先待下料达到分层厚度后，即可将振动器从柱顶或柱模侧面的门子洞伸入混凝土层内进行振捣。

（2）振动器插入下一层混凝土中的深度不小于 50 mm，以保证上下混凝土结合处的密实性。

（3）振动器插入时应"快插慢拔"，一次插到规定的深度，观察振捣效果。表面泛浆，不再下沉，慢慢拔起。

（4）振动器振捣宜一人操作，即要求振捣人员一次性配合下料完成一根柱的振捣，中途不能变换振捣人员。

3. 混凝土柱的养护要点

（1）柱子混凝土在常温下宜采用自然养护。

（2）可采取筒状薄膜，封闭套筒养护。

（3）养护不得少于 7 天。

（4）若条件允许可稍晚拆模保湿浇水，也可达到养护效果。

三、混凝土墙体施工

1. 混凝土墙的灌注要点

（1）墙体混凝土灌注时应遵循先边角后中部，先外部后内部的顺序，以保证模板稳定性和外部墙体垂直度。

(2) 高度在 3 m 以内，且截面尺寸较大的外墙与隔墙，可从墙顶向模板内下料。对于高度大于 3 m 以及截面尺寸狭小且钢筋较密集的墙体，应沿着墙高度每 2 m 设门子洞，用溜槽下料。

(3) 混凝土下料前，墙基模底先铺设 50~100 mm 厚与混凝土内砂浆成分相同的水泥砂浆或"减半石"混凝土，然后再灌注上层混凝土。每层灌注高度不宜超过 500 mm。

(4) 墙内设有门、窗等预留洞时，应在孔洞两侧同时对称下料，以防将孔洞模板挤扁、移位。

(5) 为防止混凝土灌至一定高度后，墙内因石子下沉而在上部聚积大量浆水造成混凝土的不均匀现象，在灌注到一定高度后，可适量减少混凝土拌和水灰比或保持砂率不变减少砂子用量。

2. 混凝土墙的振捣要点

(1) 墙体混凝土应用插入式振动器分层灌注，分层交替振捣。

(2) 上层混凝土的振捣必须在下层混凝土初凝前进行，同一层段的混凝土应连续浇筑，不宜停歇。

(3) 如遇门、窗洞口时，应配合两边下料，同时对称振捣，避免将门、窗洞口挤压变形。

(4) 外墙角、墙垛、结构节点处，因钢筋密集，可用带刀片的插入式振动器振捣。

3. 混凝土墙的养护要点

(1) 墙体混凝土在常温下宜采用浇水养护。

(2) 可采用墙上挂薄膜、草帘、喷养护膜等方法养护。

(3) 养护时间不得少于 7 天。

模块五　混凝土梁、板的施工

在混凝土结构中，肋形楼板是典型的梁、板结构，其基本形状如图4—12所示。现以肋形楼板为例讨论混凝土梁、板施工的操作技能。

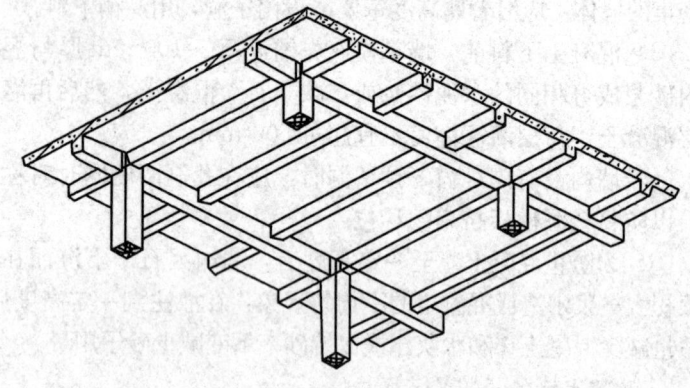

图4—12 肋形楼板

混凝土梁、板浇筑的基本程序为：

准备工作→混凝土的灌注摊铺→混凝土的振捣→混凝土浇筑表面处理→混凝土的养护。

一、准备工作

1. 准备工作程序

相关专业、工种交接验收→混凝土接茬表面处理→湿润模板→现场浇筑流向方案的确定→现场工作面运输道路、供水供电、夜间照明、联络调试等就位验收→混凝土供应情况检查→以上合格后下达混凝土浇筑令。

2. 准备工作要点

（1）对钢筋、水电预埋、模板等进行专门验收，应达到设计及验收规范要求，验收资料齐全、有效。

（2）混凝土施工条件准备就绪，主要包括按浇筑流向铺设混凝土泵管，安放、调试混凝土布料机，搭设操作人员工作台及行走通道，调试振捣机械，落实夜间照明及上、下联络信号等。

（3）城市闹市区已提前办好夜间施工申请。

(4) 对参与本次施工的人员进行施工交底。

二、混凝土的灌注摊铺

1. 有主、次梁的肋形楼板，混凝土的浇筑方向应沿着次梁方向浇筑，保证主梁一次性浇筑。设有施工缝时，施工缝留置在次梁跨中的1/3的跨度范围内。

2. 每次铺筑混凝土的宽度能满足二次接头要求。每次铺筑厚度高于楼板厚度20～25 mm。在混凝土泵浇筑方案中，严禁混凝土堆成大堆。

三、混凝土的振捣

1. 随时配合浇筑进行混凝土的振捣工作，先梁后板，平行推进。梁采用插入式振动器振捣。板采用平板式振动器振捣。

2. 当梁高度大于1 m时，可先浇筑次梁混凝土，后浇筑楼板混凝土，其水平施工缝留置在板底下20～30 mm处。当梁高度大于0.4 m小于1 m时，应先分层浇筑梁混凝土，待梁混凝土浇至板底附近时，梁与板再同时浇筑，如图4—13所示。当梁高度小于0.4 m时，梁、板同时灌注混凝土，先用插入式振动器振捣梁混凝土，再用平板式振动器振捣梁、板，同时平行推进。

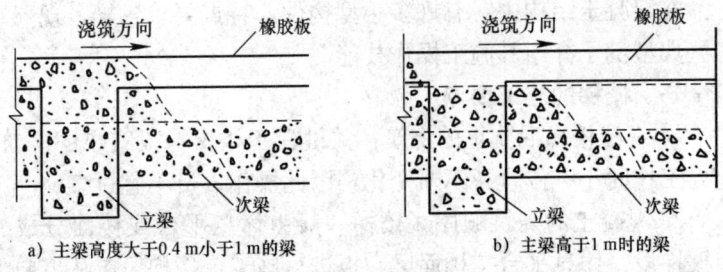

图4—13 梁的分层浇筑

3. 对于主次梁与柱的结合部位，梁底、梁面处钢筋特别密集，可将振动棒从上部钢筋较疏的部位斜插入梁端进行振捣。

四、混凝土表面的修整与养护

1. 按板厚控制的标高，拉线测量平整度，不平整处进行添减补浆处理，再用托板托平，木抹搓压密实。如需抹光处理的，在木抹搓压后，适时用铁抹子压光。

2. 混凝土梁、板浇完初凝后，即可用草帘、草袋覆盖，终凝后浇水养护，不少于7天，并一直保持混凝土表面湿润。

3. 混凝土表面凝固，强度达到1.2 MPa后，方可进行下道工序。

★安全提示

浇筑混凝土框架、柱、梁时，要设操作台，不得直接站在模板式支撑上操作。

模块六　混凝土小型构件的施工

在混凝土结构中，有许多小型构件，特点要求各异，现列举一些典型例子介绍其施工操作技能。

一、楼梯的施工要点

1. 现浇楼梯混凝土的浇筑，关键在于楼梯梯段踏步的浇筑，此处工作面小、位置还不断变化，因此操作人员不宜过多。

2. 混凝土的浇筑顺序。楼梯一般由休息平台或楼面分成斜向楼梯段，休息平台按楼面梁、板进行施工，楼梯段应从下向上逐踏步完成浇筑、振捣、表面整理压光、清理模板等工作。

3. 施工缝的留设。现浇楼梯一般施工缝应在楼梯斜向的楼梯踏步上，若上一层混凝土楼面未浇筑，施工缝可在梯段长度的跨中1/3跨度的范围内。另外，若上下层楼面混凝土已浇筑完毕后浇筑楼梯，应一次性浇筑完成，不留施工缝。

4. 楼梯混凝土有预埋件时，埋件位置要正确，混凝土包裹要饱满。

5. 楼梯踏步的外观质量关键在表面修整，应安排专人完成。修整时，一般从上至下逐个踏步进行，将踏面拍实压平，高剔低补，木抹打搓后，铁抹子压光，模板清理干净。

6. 楼梯养护随同楼面层一起进行。

二、悬挑构件的施工要点

1. 一般悬挑构件主要有阳台、雨棚、天沟、屋檐、牛腿、挑梁等。

2. 悬挑构件的悬挑部分与后面的平衡部分必须按先浇平衡部分，后浇悬挑部分的顺序依次进行，保证整体性与合理性。

3. 先梁后板一次性浇筑，不允许留施工缝。

4. 悬挑构件工程量一般不大，宜将混凝土料卸在铁皮拌盘上，"扣锨入模"下料，再进行振捣。

5. 振捣完毕，适时进行表面抹平抹光，终凝后养护不得少于7天。

6. 为保证悬挑构件的支撑稳定，禁止在悬挑构件浇筑时，混凝土堆成堆和大量机具设备集中堆放。

三、圈梁的施工要点

1. 圈梁一般设置在砖墙上，长度长，宽度与墙体厚度相同，即工作面窄而长，操作场地不停移动、推进，宜2～3人一组配合施工。

2. 圈梁较长，一次无法浇筑完成，可留置施工缝，但施工缝位置不能留在砖墙的十字、丁字、转角、墙垛处及门窗、大中型管道、预留孔洞上部等位置。

3. 混凝土应"扣锨入模"下料，分段浇满后集中振捣，每段长度为2～3 m。

4. 混凝土的浇筑应符合施工总体流向，由远而近进行。

5. 圈梁混凝土的振捣一般采用插入式振动器。

6. 振捣完成后，用木抹子按控制标高搓平，并及时进行养护。

> ★安全提示
>
> 浇筑拱形结构，应自两边拱脚对称同时进行；浇筑圈梁、雨篷、阳台时，应设防护设施；浇筑料仓时，下口应先行封闭，并铺临时脚手架，以防下坠。

模块七 混凝土施工质量缺陷及其防治

结构混凝土浇筑施工时容易出现露筋、蜂窝、孔洞、裂缝等外观质量缺陷，必须明确缺陷的现象、产生原因及防治措施，以保证工程质量。现浇结构外观质量的主要缺陷及原因分析见表4—7。

表4—7 现浇结构外观缺陷、现象、原因分析

名称	现象	主要原因
露筋	构件内钢筋未被混凝土包裹而外露	保护层垫块位移，漏放，安放数量不够，钢筋紧贴模板，混凝土振捣不密实，漏浆等
蜂窝	混凝土表面缺少水泥砂浆而形成石子外露	混凝土配合比不准确，混凝土入模出现离析不均匀，振捣不足，严重漏浆等
孔洞	混凝土中孔穴深度和长度均超过保护层厚度	混凝土漏振，混凝土入模砂浆、石子严重分离，模板不严，严重漏浆等
裂缝	缝隙从混凝土表面延伸至混凝土内部	凝固过程中模板局部沉陷，模板拆除时构件剧烈振动；设施料过度集中堆放；竖向、水平构件同时浇筑技术间隙时间不够；养护不当，混凝土表面失水过大等

由表4—7可以看出，混凝土结构质量主要缺陷的原因分析

包括人、材料、机具、环境、工艺方法五个方面，重点强调人的操作因素。

对于这些缺陷，要想合理防治，应在混凝土浇筑前，对施工构件加以分析，进行预防交底，在施工过程中进行认真控制，出现问题可采用以下方法及时进行处理：

1. 表面抹浆修补法。对数量不多的小蜂窝、麻面、露筋、露石的混凝土表面，可用体积比为 1∶2 的水泥砂浆抹面修整。

2. 细石混凝土填补法。蜂窝比较严重或露筋较深时，应錾掉不密实的混凝土，清理干净、充分湿润后，再用比原强度等级高一级的细石混凝土填补，并仔细捣实，加强养护。

3. 环氧树脂修补法。当裂缝宽度在 0.1 mm 以上时，可用环氧树脂灌浆修补。修补时，应先用丙酮洗刷裂缝处，然后在裂缝中打小眼，用专门压浆工具压入环氧树脂浆，使裂缝饱满，然后用环氧树脂浆掺入少量腻子抹在裂缝表面。

4. 对于缺陷十分严重，修补方法已不能保证其安全性的，应返工处理。

有关的文明施工知识

● 施工中每道工序都要按文明施工规定进行作业，对施工中产生的泥浆和其他浑浊废弃物，未经沉淀不得排放，污水、废水应排入建筑工地设置的排水沟中，不能直接排入城市污水管道或河流中。

● 对施工现场的设备、场地、物品要勤加维护、打扫，建筑垃圾应在指定场所堆放整齐并标出名称、品种，做到及时清运。操作面上每日应做到工完料尽场地清。

> ●严格控制人为噪声,进入施工现场不得高声喊叫、无故摔打模板、乱吹哨,限制高音喇叭的使用,最大限度地减少噪声扰民。凡在人口稠密区进行强噪声作业时,须严格控制作业时间,一般晚10点到次日早6点之间停止噪声作业。确系特殊情况时,在施工管理者出面协调,征得群众谅解后可昼夜施工,但也要尽量采取降低噪声措施。

习 题

1. 混凝土施工应遵循怎样的程序?
2. 混凝土下料入模的基本要求有哪些?
3. 怎样振捣混凝土才能提高混凝土的密实性?
4. 混凝土施工过程中有哪些质量缺陷?如何预防?

第五单元　混凝土季节性施工

模块一　混凝土的季节性施工基本知识

一、季节性施工的分类

一年有春、夏、秋、冬四个季节，有阴天、下雨、雾雪、风暴及台风等气候现象。这些对混凝土施工的影响非常大。为了保证施工质量，在混凝土施工中，常划分为冬期施工、雨季施工、暑期施工进行组织安排。

1. 冬期施工

根据当地多年气温资料，室外日平均气温连续5天稳定低于5℃时，混凝土结构工程应按冬期施工要求组织施工。

必须明确：冬期施工并不是节气上的冬季（立冬——立春阶段）。

2. 雨季施工

雨季施工即在现场下雨时的混凝土施工。

3. 暑期施工

暑期施工是在高温气候条件下的混凝土施工，一般认为，月平均气温超过25℃，日最高气温超过32℃。

二、季节性气候对混凝土施工的影响

1. 冬期气候对混凝土施工的影响

冬期气温低，水泥水化作用减弱、缓慢。当温度降至0℃以下时，水泥水化作用基本停止，混凝土强度也停止增加。当温度降至混凝土冰点温度以下时，混凝土中的自由水开始结冰，体积膨胀9%，在混凝土中产生冰胀应力，使强度较低的混凝土产生微裂缝，大大降低了混凝土的强度，甚至出现事故。因此，施工时，必须保证混凝土在受冻前达到可以抵抗冻害的基本强度。

2. 雨季气候对混凝土施工的影响

在混凝土运输、浇捣过程中，雨水落入混凝土中，改变了原有的水灰比，导致混凝土强度降低。

在浇完混凝土的凝结、硬化初期，混凝土强度很低，雨水会冲刷混凝土表面，使表面水泥流失，产生露石现象。若遇暴雨还会使砂粒和石子松动，造成混凝土表面破损，严重影响构件的承载能力。

3. 暑期气候对混凝土施工的影响

暑期混凝土施工时水、骨料的温度过高，拌制时水泥容易出现假凝现象，运输时工作性能损失大，振捣或泵送困难。

暑期混凝土成型后，因直接暴晒或受干热风影响，表面水分蒸发快，表面迅速干燥，外硬内软，易出现塑性裂缝。

暑期昼夜温差大，易出现温差裂缝。

模块二　混凝土季节性施工方法

一、混凝土冬期施工

混凝土冬期施工，应根据当地历年气象资料和近期的气象预报、结构的特点、施工进度要求、原材料情况、能源情况，以及施工现场条件等因素综合地进行研究确定，形成专项方案，按程序审批后执行。

1. 混凝土冬期施工要点

（1）施工应选用水化热高的硅酸盐水泥或普通硅酸盐水泥。

（2）使用骨料不得含有冰雪块，冻块尺寸不超过 10 mm。

（3）外加剂宜使用无盐类防冻剂。

（4）混凝土拌和应在暖棚中进行，优先选用大容量的搅拌机。搅拌前，用热水冲洗搅拌机预热。采用热水搅拌，搅拌时间延长50%。

（5）运输采用大容积的运输工具并进行保温覆盖。

（6）浇混凝土前，钢筋及模板内的冰雪应清理干净，施工时加快施工速度，浇完后及时保温。

（7）保温方法要提前确定，如加覆盖层，搭保温棚等。

（8）加强冬期的测温工作，确保措施到位。

2. 混凝土冬期施工的养护方法

（1）蓄热法：利用对组成混凝土的原材料加热蓄积热量，加上水泥的水化热，使混凝土入模时早期有较高的温度，浇筑完成后再覆盖保温材料保温，可使混凝土在正常温度条件下硬化或缓慢冷却，并以最快时间达到可以抗冻的强度。

（2）暖棚法：在被养护构件或建筑的四周搭设暖棚，在棚内设立热源（生火、采暖、热风机加热等），使混凝土在0℃以上环境下，以最快时间到达可以抗冻的强度。

（3）蒸汽加热法：利用低压饱和蒸汽对新浇筑的混凝土（内部、表面）加温、加湿，在混凝土周围形成湿热环境，以加速硬化和早期强度增大。

（4）远红外加热法：通过专用热源（如电源、天然气、煤气和蒸汽等）产生的红外线，冲击混凝土的物质分子，使其旋转，振荡运动发热，最终混凝土温度升高从而获得早期强度，达到抗冻目的。

二、混凝土雨季施工

从方法上讲，下雨时不进行施工。雨季施工应做好防雨措施，施工要点如下：

1. 及时掌握天气预报，尽量避免雨期施工。

2. 雨期可安排较小的施工段，工作量小，速度快，便于错开下雨时段。

3. 配备防雨材料，及时准备对已浇部位的覆盖。

4. 加强骨料含水率的测定工作，及时调整混凝土的施工配合比。

5. 加强支撑检查力度，防止模板及支撑下沉。

三、混凝土暑期施工

混凝土暑期施工过程中，应把握以下施工要点：

1. 材料中掺用缓凝剂，减少水化热的影响，也可用低热水泥，或用深井冷水、加碎冰的水（不可将碎冰直接加入搅拌机内）拌和混凝土。

2. 砂、石加棚防晒，搅拌系统尽可能靠近浇筑地点，减少运输时间，模板充分湿润。

3. 减小浇筑层厚度，浇完及时用薄膜覆盖，防止水分流失。

4. 加强养护工作。自然养护的混凝土，应确保其表面湿润，对于表面平整的混凝土，可采用涂刷塑料薄膜液的方法养护。

习 题

冬期的气候条件对混凝土施工有何影响，应采取哪些质量保证措施。

参 考 文 献

1. 建设部人事教育司组织编写. 混凝土工. 北京：中国建筑工业出版社，2007
2. 蔡兵主编. 混凝土工基本技能. 北京：中国劳动社会保障出版社，2006